经典科学系列

可怕的科学
HORRIBLE SCIENCE

动物惊奇
NASTY NATURE

［英］尼克·阿诺德／原著　［英］托尼·德·索雷斯／绘　程澈／译

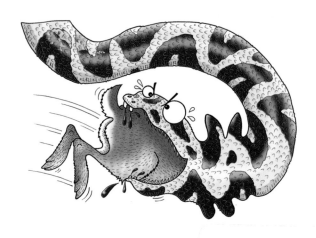

U0257199

北京出版集团
北京少年儿童出版社

著作权合同登记号

图字:01-2009-4331

Text copyright © Nick Arnold

Illustrations copyright © Tony De Saulles

Cover illustration © Tony De Saulles，2008

Cover illustration reproduced by permission of Scholastic Ltd.

图书在版编目(CIP)数据

动物惊奇 /（英）阿诺德（Arnold，N.）原著；（英）索雷斯（Saulles，T. D.）绘；程澈译 . —2 版 . —北京：北京少年儿童出版社，2010. 1（2024.10重印）

（可怕的科学·经典科学系列）

ISBN 978-7-5301-2364-5

Ⅰ . ①动… Ⅱ . ①阿… ②索… ③程… Ⅲ . ①动物—少年读物 Ⅳ . ①Q95-49

中国版本图书馆 CIP 数据核字（2009）第 183435 号

可怕的科学·经典科学系列

动物惊奇

DONGWU JINGQI

［英］尼克·阿诺德 原著

［英］托尼·德·索雷斯 绘

程 澈 译

*

北 京 出 版 集 团

北 京 少 年 儿 童 出 版 社 出版

（北京北三环中路6号）

邮政编码:100120

网 址：www．bph．com．cn

北 京 少 年 儿 童 出 版 社 发 行

新 华 书 店 经 销

三河市天润建兴印务有限公司印刷

*

787 毫米×1092 毫米 16 开本 10. 5 印张 50 千字

2010 年 1 月第 2 版 2024 年10月第 66 次印刷

ISBN 978－7－5301－2364－5/N·152

定价：25. 00 元

如有印装质量问题，由本社负责调换

质量监督电话：010－58572171

目 录

你了解动物吗

野兽般的暴行，禽兽般的行径，狐狸般的狡猾……人们谈起糟糕的事情时，总是要扯上动物。在他们看来，动物会带来厄运，酿成灾难。

动物学让人感到很可怕。你觉得动物学家们形容四条腿朋友的那些稀奇古怪的词语怎么样？这些词也许会让你产生毛骨悚然的感觉吧？这是因为你还不了解它们。

动物凶狠的一面让你厌烦了吗？这真糟糕。当然，我们这本书讲的不是你怀抱着的暖乎乎的宠物。你每次睡醒以后，一定很愿意看

到一只毛茸茸的小猫或一只可爱的小狗坐在床边吧？但如果是一只身上疙疙瘩瘩的癞蛤蟆（又称蟾蜍）呢？它正在瞪着眼睛看着你，感觉怎么样？要么是一群臭鼬，甚至是一只青面獠牙的巨兽，你又有什么感觉呢？

有些动物长着巨大的獠牙，又凶猛又丑陋；还有的动物喜欢吸血，巢穴设在恐怖的地方。总之，它们是不招人喜欢的。本书向你展现的是一些非常奇怪的动物故事——可怕的动物世界。大概99％的老师是想不到给学生讲这些的！

也许会有一个意想不到的收获呢——在你读完这本书，并学会说一些哺乳动物的名词后，你会让你的老师承认：你就是一个动物学家。也许你会从中了解一些新的可怕动物，或者因为这本书的感染去收养一只新宠物。

＊别害怕，它现在不饿。

有一件事情是肯定的，在科学探索的历程中总会有新的发现。

千奇百怪的动物世界

艰深的课题需要有吃苦精神的人去解开。大约在300年前，科学家们遇到一个十分棘手的难题：动物探险家们不断地发现新的动物，但是研究者怎么才能一一对这么多的新动物进行深入的研究呢？这真是大麻烦。

可怕的科学名人堂

卡尔·林奈（1707—1778）　国籍：瑞典

这是他的拉丁语名字，他真正的名字叫维尼·林尼。

卡尔·林奈是一个很勤奋的人，也是个很了不起的人物，有着惊人的记忆力。他认为自己是一个天才，还想让别人都这样认为。如果有人批评他，他会勃然大怒。他就像一个被宠坏的孩子，从不承认自己错了。就不，决不！甚至在他犯了"说河马是一种老鼠"这样的错误时也不认错。

河马

我家的猫昨天晚上捉的老鼠和它一样。＊

＊实事求是地说，卡尔只见过老鼠，没见过河马。

可当卡尔做报告的时候，几百名的学生挤破了教室，因为他很会讲笑话（现在有幽默感的教授越来越少了）。

卡尔的探索经历

卡尔·林奈是一个不知疲倦的人，他从不停止四处作报告和科学研究工作。他曾在北斯堪的纳维亚半岛长途跋涉7499千米，并且发现了100种前所未知的植物。但他的目标远远不止这些，他要将世界上的动物和植物按某种逻辑顺序分类。

可惜的是，他非常偏爱某些动物，却对两栖类有一种特殊的厌恶。两栖类就是像青蛙和蟾蜍这样既居住在陆地，又住在水中的动物。

绝大多数的两栖类动物令人讨厌，因为它们有冷冰冰的身体、灰了吧唧的颜色、软塌塌的骨骼*、肮脏的皮肤、凶猛的天性、狡猾的眼睛、难闻的气味、刺耳的声音、遥遥的栖息地和可怕的毒液。

*软塌塌的骨骼＝软骨

后来，卡尔中止了他的研究。世界上生活着数量巨大的动物，每年都会有数以千计的动物在一些不受人欢迎的地方被发现。

你肯定不知道！

世界上有150万种动物，并且数千种在不曾想到的地方被发现。你能想象目前地球上有多少只动物吗？约有10 000 000 000 000 000 000 000 000 000 000 000（1000亿亿亿）只动物，它们形态、大小各异。

还不坏的分类

林奈是怎么进行分类的呢？他说："每一种动物就是一类。"就拿特别丑的蟾蜍来说吧：

不要吧……

按照林奈的分法，科学家们应该称蟾蜍为"蟾蜍属蟾蜍类动物"（用拉丁文表示，即Bufo bufo，bufo是"种"名，Bufo是"属"名）。

林奈把每一个"属"又归入一个较大的分类单元，即"科"，然后又将"科"归为"纲"。蟾蜍则属于蟾蜍科，在此科中，包括蟾蜍和青蛙。除此之外，两栖类还包括它们身体表面黏滑的亲戚真螈和蝾螈。

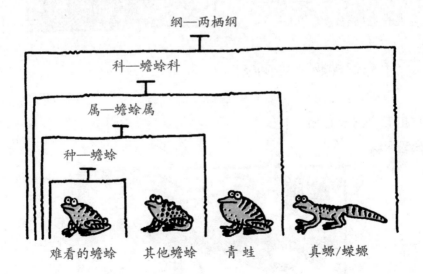

纲—两栖纲

科—蟾蜍科

属—蟾蜍属

种—蟾蜍

难看的蟾蜍　　其他蟾蜍　　青蛙　　真螈/蝾螈

全世界的科学家们渐渐开始接受了林奈的分类方法，而且沿用至今。请看以下主要的几大动物类群。现在看一看你最感兴趣的是哪种类群？

腔肠动物—9000种

不，别以为它是外来种，它长的就那样。它们生活在海里，它们的身体上布满了长有大量刺细胞的触手。诸如此类的生物有水母、海葵和珊瑚等。

水母

棘皮类动物—5000种

有时候，这些奇怪的动物会把头钻出水面。它们的皮肤像带刺的盔甲。它们的腿部由沿着轴心排列的中空管组成。这类的生物有海星和海胆等。

海胆

甲壳纲动物—42 000种

甲壳纲动物的几丁质骨骼在身体的外部，这就是坚硬的壳。当攻击者企图咬它们的时候，会遭到报复。这类的生物有蟹、龙虾和藤壶等。

龙虾

蛛形纲动物—35 000种

让你别扭的消息：这一类动物的
大部分是蜘蛛——天哪！还有更糟的
消息：其中……还有一些蝎子。这些
节肢动物的头部、胸腔与它们躯干联
结在一起。它们一般有6—12只眼，8
只肢，2个螯和2只脚须。对！差一点
忘了——在它们的尾部有可怕的毒刺。

蝎
子

它们中的一些喜欢和人类搞恶作剧——比如：它们喜欢躲在人的
鞋里。

鱼纲—21 000种

大多数鱼身体里都有硬骨——你
每次吃完鱼的时候，都会吐出一堆骨
头。有些鱼如鲨鱼还有软骨。鱼生活
在水中，用位于鱼头部口咽腔两侧的
鳃吸收和溶解氧气。大多数鱼身上有
鳞片，用鳍来游泳。真的，它们的水
性可比你带救生圈时的水性还要好。

鳗

两栖纲—3200种

两栖纲属于冷血动物，但并不意
味着它们是毫无同情心的凶残动物，
虽然确实其中有些种类如此。"冷血
动物"指的是它们的体温是随着外界
温度的变化而升高或降低。它们都有
4条腿，皮肤又薄又黏。两栖的意思

呱呱！

青
蛙

是指两种不同的水陆生活方式。蟾蜍和青蛙都是两栖生活的动物。

青蛙博士与蝌蚪先生

1. 蝌蚪从卵中孵出来了，狼吞虎咽地吃着它不走运的弟弟和妹妹们。

2. 几个星期之后，它就出落成一个和从前大不相同的样子，一副令人厌烦的大人模样。

3. 这只成年的青蛙没有吃它的同类，但却用长长的黏糊糊的舌头吃两翼昆虫。

4. 绝大多数的两栖类都把自己埋在湖泊和池塘的下面过冬。

爬行纲—6000种

爬行纲动物也是冷血动物。它们身体覆盖着鳞片，并具有和它们身长不协调的小脑袋，而且腿部从它们体侧伸出，所以不得不缓慢地爬行。但是蛇除外，它们采用的是滑行。幼小的爬行类是卵生的（可不是你早餐吃的蛋喔）。

变色龙

龟

鸟纲—9000种

鸟类有两条腿、一对翼和一个角质的喙（我敢保证，你肯定会找本字典查查这个字的）。它们的身体外面是由角蛋白构成的羽毛，角蛋白也是你手指甲的主要构成物质。幼鸟从卵中孵化出来后，如果没有被偷走或被其他动物吃掉的话，它们的父母会耐心地哺育它们长大。

啄木鸟

小公鸡

鸭子

9

哺乳动物—4500种

哺乳动物是恒温动物★，它们中的绝大多数都生活在陆地上，不会飞行。幼小的哺乳动物不是由卵孵化而来，而是胎生的，靠吃母乳获取营养。知道吗？咱们也是哺乳动物，对了，人类也属于这一纲。

★哺乳动物们的血液总是恒温的，因为它们身体的外部有一层皮毛或脂肪来御寒。恒温并不是指血液总处于热血沸腾状态，那是当一个人发脾气要打架或发高烧的时候才会出现的。

糟糕的栖息地

在任何地方都可以找到动物，不管是你能想到的地方，还是你不愿意想到的地方。顺便告诉你，科学家们将动物居住的地方称为栖息地。动物的栖息地遍及沙漠、热带雨林、珊瑚礁甚至恶臭的沼泽。

牦牛喜欢在高达5000多米的喜马拉雅山脉生活，它们感觉-17℃的温度很合适，这并非为了探险。据说棕熊可以爬到更高的山上，因此它们被误认为是传说中的雪人。

有些动物喜欢躲在深深的海底。1960年，探险家雅克·皮卡尔博士和丹恩·瓦什到最深的海底——海平面下10 911米，他们看到的第一种生物就是鱼。

正如皮卡尔在后来记载的：

这两位探险家不禁发出惊叹的声音，因为他们原以为海底巨大的水压会压扁任何一种生物。

最大和最小的动物

地球上最大的哺乳动物当属蓝鲸了。这种动物身长可达33米，体重可达80 000千克，这是一头大象体重的24倍，甚至比最大的恐龙还要大。在蓝鲸的体内，有8500升的血液，身体外层是厚达61厘米的脂肪层。

有一件糟糕的事情，那就是：自1900年以来，捕鲸者已经猎杀了364 000头这种巨大的动物。

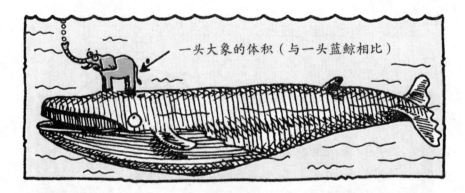

海拉那蜂鸟的体形和蓝鲸这样的庞然大物简直无法相比，它才有5.7厘米长（从喙到尾），重2克。这种微小的动物以又甜又黏的蜂蜜为食。

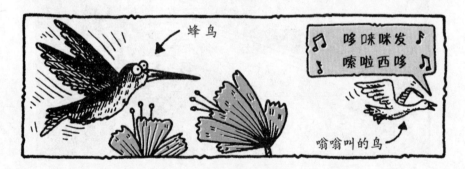

虾虎鱼栖息在太平洋马绍尔群岛，它仅有1.27厘米长。

相信吗？和有些更微小的生物相比，虾虎鱼看起来就像一只蓝鲸。

微生物档案

姓　名：微生物

基本特征：只有通过显微镜才能看到的微小生物体。

最恐怖特征：会引发疾病，例如，阿米巴痢疾就是由于喝了感染果冻状阿米巴的水而致。这些令人恐惧的微生物侵入人的内脏和肝脏，引发了严重的腹泻。

你看见我正在化验的水了吗？

成千上万的恐怖分子——微生物

一汤匙土壤中含有：

▶ 700亿个细菌——这些微小的生命体，可引发许多种疾病。

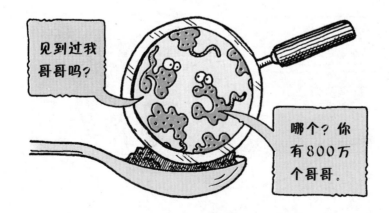

见到过我哥哥吗？

哪个？你有800万个哥哥。

▶ 90万个鞭毛虫——是用细小如鞭的尾巴游泳的微生物。

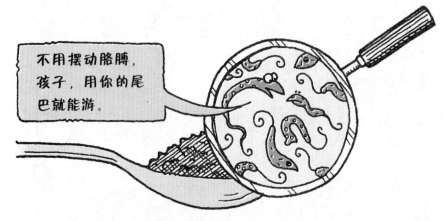

▶ 42 000个阿米巴——它们吞食细菌和其他微生物，身体是透明的。哇，你可以看到它们早餐吃的是什么。

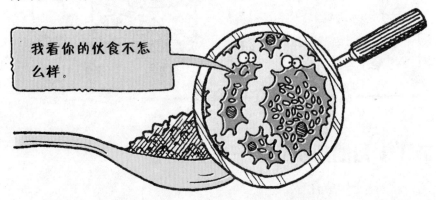

▶ 560个纤毛虫——用纤毛游泳的微生物。

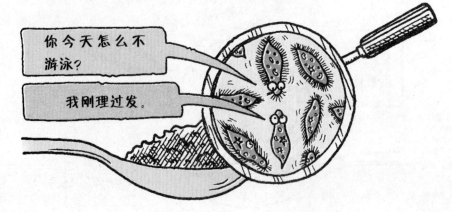

很多生物都靠攻击和捕食其他微生物而维持自己的生活，否则，它们就会联合形成更具威胁力的微生物。微生物并不都是令人厌恶的，他们通过吃死去的动植物尸体，使有些化合物能够重返土壤，从而使得新的植物得以生长，这就是一个好的方面。

你肯定不知道！

1983年，科学家们在美国阿肯色州的一个洞穴中发现了一种超级细菌。它是由上百万个阿米巴菌组成的一种生物，它们一起蠕动，就像同一个生物一样。它最喜欢的食物是蝙蝠的粪便，有时候，它也攻击成团的真菌，并会派出强壮的阿米巴去吃真菌。

您还想了解一些更为可怕的生物吗？这里还有一些，你觉得下面那些生物是不是离奇得让人难以置信？

非常动物测试

1. 有一种长相丑陋的长脖子的爬行类动物，它在瑞典的斯图位湖畔被发现，有10—20米长。　　　　　　　　　　　　（真／假）

2. 有一种头上长角的鸟，很像独角兽，被称为长角的尖叫者。

（真／假）

3. 杰克·德漠波思鱼是以一位著名的美国拳击运动员的名字来命名的，这是一种南美的淡水鱼，由于它喜欢猛击其他鱼类而得名。它还偷走其他鱼的蛋。　　　　　　　　　　　　　　　　　（真／假）

4. 有一种蛇能短距离飞行。　　　　　　　　　　　（真／假）

5. 马来群岛双头蝙蝠的背部有一个凸起，看起来像另一个脑袋，骗得猫头鹰在半空中试图去叼蝙蝠的这个假头。　　　　（真／假）

6. 印度有一种会爬树的鲈鱼。　　　　（真／假）

7. 伊比利亚岛有一种会唱歌的山羊，它会模仿当地山里人的歌唱。　　　　（真／假）

8. 澳大利亚的水畔有一种动物，它经常倒挂，嘴像鸭子，有海狸样的毛皮，像鸟一样产蛋，像蜥蜴一样带有毒刺。　　　　（真／假）

答案

1. 也许是真的，有人发誓说见过它，可能它是相当有名的尼斯湖怪兽的亲戚吧。瑞典政府会规定禁止狩猎和屠杀这种生物，假如它确实存在的话。

2. 真的。它的角有15厘米长，这种鸟栖息在热带南美洲，你可以在3000米以外听到它的叫声。

3. 真的。

4. 真的。金树蛇可以滑翔46米，这种蛇可以从一棵高树上跳下来，在穿过空气时伸伸懒腰。

5. 假的。

6. 真的。这种鲈鱼用鳍抓住树枝，爬上树，等着蚂蚁爬上身后，再跳到河里，这时蚂蚁从鱼身上落到水面上，鲈鱼再慢慢地吃掉蚂蚁。

7. 假的。

8. 真的。它就是鸭嘴兽，这种神奇的动物是一种奇特的哺乳类，虽然看似一只长有鸭嘴的鼹鼠。它的身体里有探测器，可以感受到泥泞的河水下由微生物体发出的电波，以此判断出这是什么生物。这一点真是令科学家们佩服。

怪异的动物学家

动物学家就是研究动物的科学家。有些学者研究某些特殊动物，而另一些学者重点研究某些动物的栖息地和野外生活。一些动物学家们有怪异的习惯。这里就讲一些奇人逸事吧！

可怕的科学名人堂

查理·瓦特伦（1782—1865）　国籍：英国

他的爱好是扮成疯狗，对着家中来访者的脚踝猛咬。你以为这只是一个无可厚非的年轻人的把戏吗？可查理先生57岁时还在玩这种把戏！他的另外一个怪僻就是对睡在床上深恶痛绝，他喜爱睡在光溜溜的地板上，拿一块美丽舒适的木头作枕头。

查理曾几次去南美旅行，在那里，他发现了一些奇特的动物，并猎杀了它们。他把标本带在身边，在没事时仔细研究。有一次，他与鳄鱼激烈地搏斗，最后活捉了鳄鱼。结束考察后，他回到英国，花了1万美元建立了世界上第一个自然保护区。真的，查理非常喜欢动物，他甚至为了让马互相谈话而对马厩进行了重新设计、施工。

你以为瓦特伦疯了吗！——马不会说话吗？动物并不像人类（比如科学家和老师）那么聪明吗？那么请你在下一章里找答案。

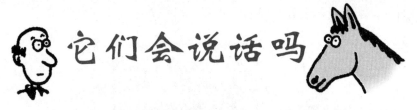

它们会说话吗

动物到底有多聪明？和我们相比，它们的智商到底有多高？谁也不愿意接受动物比自己更聪明的观点，所以某些自以为是的人总是陷入被嘲笑的尴尬境地。

其实，如果老师说你是个"马脑袋"，你就真的那么笨吗？请看下面的故事……

聪明的汉斯

德国柏林，1904年

人群满怀希望地等待着，激动地交谈着，老弗洛·斯科米德和他年轻的朋友弗劳琳·斯蒂恩低声谈论着："它还会来吗？"

"它肯定会来的！"斯蒂恩说，"你再等会儿吧，它通常就是在这个时候出现，像他们说的那样——在它认为该出现的时候出现。所以，人们叫它聪明的汉斯。"

"怎么可能呢？"斯科米德质疑道，"在现实生活中，马是不能像童话里那样识数的。"

"可是汉斯能——而且还能做得更棒，大家说它的主人威尔汉姆·温·奥斯迪是一位教师。他退休以后就不再教学生，而是开始训练马了。"

"请接着说，他这么干的原因是什么？"

"他认为马和孩子一样聪明，而且不难教。他还为马建了一间教室。听说如果汉斯出了错，他会对它大吼，甚至动鞭子呢。"

弗洛·斯科米德哈哈大笑："我从前的一位老师有点像他。"

汉斯被牵进院子的时候，人们都专注地观看。很多人为了看清汉斯，还伸长了脖子。人群中不时发出惊呼。

"天哪，真美啊！"弗洛对他的朋友低声说，"它身边都是些什么人？"

"政府要员们。温·奥斯迪写信请有关机构考察这匹马，以证明他的能力。政府还专门成立了一个委员会呢。"这时，一位身穿职业装的女士举起一块小黑板。

"准备好了吗？"卡尔·斯达夫问委员会的专家们。

"我还是觉得这只是个马戏团的把戏。"马戏团驯兽师说。

"看来这马能应付这次考察。"兽医保守地回答。

"快开始吧——我还要去赶个会。"政府要员看着他的银色怀表下令道。

威尔汉姆·温·奥斯迪是一位神情坚定、目光犀利的小个子，留着一撮小胡子。可现在看起来他很紧张，毕竟这是关键的时刻，汉斯千万别出错。

"你打算出一道算术问题考这匹马？"斯达夫问官员。

"嗯！"官员傲慢地回答，"行，我想想，让它算算，2×14是多少？"

奥斯迪抓起一根粉笔，在黑板上紧张地写道：2×14=？

老师低头看着马。"现在，汉斯，"他紧张地小声说，"我可以给你一个鲜嫩的胡萝卜，但你必须把这道题算出来。"

整个院内鸦雀无声。汉斯盯着黑板，过了一会儿，把左蹄轻踏了两下。

"它在干什么？"斯科米德不屑一顾地问道。

"它正在算呢，"斯蒂恩低声回答，"左蹄表示10，右蹄表示1。"

汉斯轻轻地在鹅卵石地上敲着右蹄。所有的人都在默数着马蹄的

敲打声。嗒、嗒、嗒嗒嗒。汉斯把蹄子停在了半空中。看上去就像
"旋转木马"中的木马。

"才5下。"官员不满地说，"希望它写出来算了——真是匹笨
马！"

奥斯迪紧紧地握着胡萝卜，手指节都变白了，可是汉斯还没有数
完。

嗒、嗒……终于，嗒。

汉斯看着它的主人兴奋地嘶鸣。人们激动地鼓掌，还有一些人欢
呼起来。

官员目瞪口呆，奥斯迪如释重负地松了口气，把胡萝卜奖给了汉
斯。

"答得对吗？"马戏团驯兽师问兽医。

"对了。"

"不可能吧？"驯兽师挠着头说，"我训练动物这么多年，从来
没见过这种事。"

"我可跟你说过。"奥斯迪自豪地说。

斯达夫征求官员的意见。那个高傲的人满脸通红，正拿着一块又
大又脏的手帕擦额头上的汗。

"公开场合我可不会下结论。但我真的很吃惊。"他已经完全忘了这是个鉴定会了。

你认为"聪明的双斯"真的那么聪明吗？

a）温·奥斯迪是个江湖骗子。他只是训练汉斯踏脚，其实它并不知道答案。

b）汉斯真的很聪明。因为科学家已证明马在数学方面比人要聪明。

c）温·奥斯迪给汉斯提供了暗示。但这不是老师的错，因为就连他自己都不知道他在暗示汉斯。

答案

c）一位年轻的科学家在1970年证明了这件事。他蒙上汉斯的眼睛后，发现它不能回答出任何问题。但你也可以认为汉斯真的很聪明，它知道老师问它问题是俯着身子，如果它答对的话，老师就会直起身子。这对回答任何问题都是有用的暗示。

考考你的老师

你的老师是怎样判断谁是最聪明的动物呢？他（或她）知道以下动物究竟多聪明吗？

1. 19世纪60年代，美国肯塔基州的多洛恩·麦格伦博士为他的马订制了一辆特别设计的汽车，然后试着教它驾驶。你猜会怎么样？

a）马根本不能启动汽车。

b）马能熟练地开车。

c）上高速公路，马很快就会撞车。

2. 德国人爱看电视，法兰克福动物园的大猴子喜爱的节目是什么?

a）肥皂剧。

b）其他猴子的野外生活实录。

c）体育节目包括足球联赛结果。

长颈鹿托您帮忙把这个时段的节目录下来，行吗?

3. 1913年，德国法兰克福的麦考尔女士的狗通过用算盘进行珠算完成数学问题。这狗到底有多高的智商?

a）不能说它笨，它也就只知道4×2=9。（或者是8？）

b）科学家发现这条狗已被训练得可以做一定的算术题，但没有数学理解能力。

c）这狗可以计算出平方根，可以帮助麦考尔的孩子完成数学作业了。

4. 美国加州圣地亚哥动物园的管理员教一头大象用鼻子卷着刷子作画。大象的作品怎么样?

a）相当棒，可以和当代艺术媲美。其副本如今就保存在世界各主要画馆。

b）太离谱了——简直是胡乱涂鸦。但一些评论家们称它们是"后现代主义画家"的代表。

c）是值得一看的作品。但那是管理员告诉它该怎么做的，所以不能算是大象自己的作品。

5. 科学家们把黑猩猩的脸弄脏，然后在其屋内挂一镜子，以此检验其智力，目的是为了看它能不能看到脸上的污迹。黑猩猩会怎样做？

a）惊奇地看着镜子并把污迹擦掉。

b）对着镜子做鬼脸。

c）试着从镜子上刮掉污迹。

6. 英国科学家约翰·卡莱布斯博士在种子里掺进了一些无害的放射性化学物质，把种子留给沼泽地的山雀储藏并食用。他用盖氏计数器（一种探查放射线活动的仪器）来跟踪观察这些种子。他有什么发现呢？

a）鸟非常聪明。沼泽的山雀每天藏起数百颗种子。更绝的是，它们还能记起种子都藏在哪儿。

b）很难说它们有一个聪明"鸟脑"。它们很快就忘了种子藏在哪儿。

c）什么都没有测到。科学家忘了盖氏计数器放在哪里，实验只得被取消。

7. 一个科学家准备训练三只章鱼拉动水槽内一个杠杆通知开饭。结果怎么样？

a）章鱼很笨，连这么简单的动作都学不会。

b）章鱼难以学会驾驭，它们用可怕的长触手勒死了科学家。

c）它们很快就掌握了，可是没过几天就感到厌烦，不愿意干了。

答 案

1. b）那辆车用一个杠杆控制运动，一个油门踏板，马可以踩在上面。它用鼻子掌握方向盘。注意哦，这匹马不准在正式路面上驾驶。

2. c）很明显，这就是猴子喜欢的事。

3. c）令人惊奇吗？但这是真的。那只3岁的大狗叫罗尔夫，经过一些科学家鉴定确实有这种能力。你能把一只宠物训练成这样吗？

4. c）大象能用鼻子画画，但却是毫无章法地涂抹。

5. a）黑猩猩知道镜中的形象是它们自己反射出来的。而猴子们则会像c项那样，它们不如黑猩猩聪明。你认为你的老师星期一早晨的第一反应是什么？

6. a）但这算不了什么，北美的星鸟能藏起33 000粒种子并把它们全都找回来。

7. c）它们打掉那个轻杠杆，朝科学家喷水，而且不再接受任何其他实验。

你肯定不知道！

并非所有的动物都聪明。一些科学家认为世界上最笨的动物是火鸡，它们能被风吹得哗哗的纸声吓死；另外，它们还会因愚蠢无知，不知道躲避变化的天气而感冒或溺水而亡，最终落到悲惨的境地。

是啊，但如果我们躲到窝里避雨，怎么能知道雨什么时候停呢？

动物的感觉

很久以来，科学家们认为动物没有害怕、生气或骄傲的感觉。可最近他们在研究这个有趣的问题时，得出许多惊人的结果。譬如，幼象会做噩梦。梦到父母被猎人杀死的小象会在晚上哭醒。于是它们长大后就报复地攻击人类，是因为它们永远都忘不了这个印象吗？

说到大象也会哭，还有这样一个故事，据说有一头大象被残忍的驯兽师毒打后泪流满面。但不能接受这个说法的老科学家们说，其实大象的眼睛总是爱流泪，与高兴与否没有关系。鳄鱼也会流泪，是为了排掉过多的盐分。有人假惺惺地装作很难过的时候，我们会说那是"鳄鱼的眼泪"就是这个原因。

你能肯定这次流的不是鳄鱼的眼泪？

动物也会高兴。据说大猴子高兴时会唱歌，只不过听起来有点像狗的哀鸣，谁也不会被这种歌声调动起情绪。山羊高兴时也会跳舞，所以我们也许应该说"蹦蹦跳跳的山羊"而不是"蹦蹦跳跳的兔子"。

总之，动物很敏感。它们也许没有感情，但肯定是有感觉的。因为它们有让人相当不可思议的感觉，因此可以在它们喜爱的栖息地存活下去。但和人类相比呢？它们真的无法和人类相提并论吗？

让人震惊的感觉对比

动物的感觉	人类的感觉

奇特的嗅觉　　当你赤脚行走的时候，每个脚印留下的汗液，对一只狗来说，那臭气浓得就像一个月没洗的臭袜子。	**鼻子不太灵**　　人的嗅觉是狗的百万分之一。 
鹰的眼　　一只金鹰可以在32 000米的高度上看清地面的一只兔子。	**视力真可怜**　　有人竟会被一只兔子绊倒。
惊人的味觉　　潜伏在南美河底的丑陋的鲇鱼舌头上有100 000个味蕾，它们能够在黑暗的河泥中找到食物。	**几乎没味觉**　　人有8000个味蕾，只是猫的一半（知道了吧？为什么猫不喜欢到饭堂吃饭，可人却喜欢）。

尽管他的鼻子有我的两个大。

警觉的听力

1. 狗的耳朵有17条肌肉，可以转向不同方向。

2. 加利福尼亚州的叶鼻蝙蝠可以听见昆虫的脚步声。

困难的听觉

1. 人耳只有9条肌肉，大多数人都不能摆动耳朵。

2. 你能吗？

不！

神奇的触觉

海豹能用它们极度敏感的胡须感觉到别的动物的微小运动。

麻木的触觉

人的胡须根本不能动。

是真的。

怪诞的感觉

1. 动物能预知地震。德国科学家厄恩斯特·基伦发现地震前狗会狂叫。

2. 美洲刀鱼每秒钟发现大约300次电波信号，以此在它周围形成一个电场。这样可以使其他生物知道它的存在。

很差的感觉

1. 无能的人类即使用精密的科学仪器也不能准确预知地震的发生。

2. 噢……

你赢了！

你敢试试……猫在黑暗中能看到什么吗？

用品清单：

一只手电筒

一只猫

一间暗屋子

你要做的事情：

让猫适应黑暗几分钟，用手电筒照猫的眼睛，你注意到什么？

a）猫看不见灯光。

b）猫眼能反射回灯光。

c）猫眼像吸血鬼一样发红。

好黑，噢哈哈！*

★别忘了先把猫碗拿走。

答案

b）猫眼的后部有一层细胞，作用如同镜子，能把光反射回眼球，让猫能看得更清楚。

可怕的科学名人堂

卡尔·冯·弗里希（1886—1982）国籍：奥地利

卡尔是奥地利一个有钱的教授的儿子，他在父亲建的一座用来同

野生动物交友的旧磨坊里度过了童年。长大后，卡尔成为一名著名的
动物学家，他发现了蜜蜂用小巧的舞步来传达信息。这是他最著名的
一项研究。你能这样轻松地解决这个问题吗？

你能当个动物学家吗？

罗斯托克大学的奥托·柯纳教授在解剖鱼的耳朵时，发现鱼耳同
人耳的结构不同。他认为鱼是聋子。为了证明这个观点，他在一个鱼
缸里放了一些鱼，然后向它们吹口哨，这时鱼根本不理他。

为最终证明自己的发现，奥托又请了一位著名的歌唱家来举行一
场私人演唱会——给他的鱼儿们。但是当她唱出美妙洪亮的女高音抒
情歌曲时，鱼儿还是没反应。

卡尔·冯·弗里希对这个实验很感兴趣，他亲自做实验。设想你
就是卡尔·冯·伏羲，哦，对不起，是弗里希，你认为会发现什么？

a）毫无疑问——鱼完全是聋子。

b）别犯傻了，那只能说明鱼不喜欢古典音乐。

c）鱼能听得见，但只对一些对自己有用的东西，譬如食物发出
的声音感兴趣。

答案

c) 卡尔给一只不幸的鲇鱼蒙上眼睛，每当他把食物放到鱼鼻子的时候就吹口哨，结果鱼迅速吞下了食物。一天，卡尔没放食物只是吹口哨，鱼立即反应起来——摇起头来。科学家管这个反应叫条件反射。鱼一听见哨声就知道该开饭了。

许多动物根本不聋，但是如果它们能说话，它们会对我们说什么呢？实际上，动物真的可以讲话——用特殊的方式交流。

五花八门的叫声

大多数的动物交流的内容都是传递危险警告或者表明友好关系，但是像鹦鹉这种动物能像人一样谈话。科学家们说，它们只是在模仿人的声音，动物没有意识到自己在说些什么，难道鹦鹉能够意识得到？

动物真的会讲话吗?

看看下面的事例，然后自己判断吧。

大嘴鸟

1965年以来，国际家养鸟类大赛一直在选拔像鹦鹉这样会讲话的鸟并给予奖励。有一次，大奖被一只叫布鲁德的美国灰鹦鹉得到，这只鹦鹉知道八百多个单词，还能将这些词组成句子。以前科学家们认为鹦鹉只会学人说话，可这件事却令他们大为震惊。

谁最聪明?

1980年，美国印第安纳州普渡大学的一名叫埃里纳·佩波博格的医生发表了一篇报告。在这篇报告中，他对一只名叫亚历克斯的美国灰鹦鹉进行了研究。这只聪明的鸟会向人要纸巾之类的东西来擦嘴巴。它还会说各种颜色和形状的名称，到了换毛的季节，它对埃里纳医生说自己很难受。

我觉得病了，大夫！

奇妙的手语

1966年，美国一些科学家在努力教黑猩猩学习手语，其中一只叫瓦苏的雌猩猩最先学会。

一天，一个研究者告诉瓦苏说，他刚刚看见一只牙齿尖利的大黑狗吃掉了一只小猩猩，他当即问瓦苏是否愿意出去，瓦苏紧张地示意："不！"从此，科学家们如果不想让瓦苏出去，只要告诉它他们看见了那只狗就行了！

哈哈！大黑狗天天在这儿！

虽然蒙骗了一段时间，但事实证明瓦苏学东西还是挺快的，它非常擅长用手语表达，甚至还能够自己组合语言，例如"喝—水果"（柠檬）和"水里—鸟"（天鹅）。

瓦苏生了一只小猩猩，不幸的是，小猩猩病死在动物医院里。科学家们把噩耗告诉了瓦苏。

它说："你的脑袋像个瓜。"

"孩子在哪儿？"瓦苏比画着问。

研究者告诉它："孩子死了。"

可怜的猩猩妈妈退到了角落里，好几天没对任何人讲话。

她告诉小猩猩，再不吃饭，就把大黑狗带来。

动物自己的语言

当然，动物们讲话时不用人类的语言，它们有自己复杂的交流方式，你能学会吗？

学习动物语

与野生动物谈话会使你的假期非常愉快。这个方便的自学指南，能让你在家里就学会如何做到这件事。

鲸的语言

能像鲸那样连续唱歌24小时，是件多么痛快的事。如果你想对雌性鲸鱼讲话，就得学会变换你的歌声，并且要练习发出低沉的声音，使鲸在几万米外能听见，虽然鲸并不明白这声音的意思。一定要小心哦，我们预祝你对鲸唱歌的时候，它们不会太激动。

特别警示

在水中，鲸是利用大脑内部的空腔制造声音来唱歌，人可不能做到这一点，因此人不要试图在水底唱歌。

食人鲸

救命啊！

海豚的语言

观察它怎么和亲密的朋友聊天：
短而尖的叫声＝我很害怕
持续的叫声＝我很孤独
喋喋不休的叫声＝请走吧
咔嗒＝食物就在附近
甩尾＝现在我真的生气了

海豚　　鲨鱼

唧唧……来，让我观察一下！

大猩猩的语言

你有没有想过与大猩猩聊聊天？这儿有一些猩猩语供你使用！

哇＝危险！

打呼噜＝听话（大猩猩对小猩猩讲话）

发出吠叫声＝我很想知道

呼，呼，呼＝危险，别靠近！

击打胸部＝我是主人

龙虾的语言

学习龙虾的语言前，你需要梳子一把和手指一根，可以任意拿一把梳子，但手指必须用你自己的。龙虾摇动它们的长须拨掉粘在壳上的东西。

拨动慢一点＝捕食很安全

拨动快一点＝赶快藏起来，前面有鲨鱼

作者忠告

为了不让人倒胃口，请不要在家庭用餐期间模仿动物的声音。农家院也严格禁止。

你肯定不知道!

美国南部有一种猴是世界上叫声最大的动物之一。黎明时它们用哭叫声来警告其他猴子远离它们的雨林栖息地。你可以在2000米以外听见它们的嚎叫声。可十分不幸的是，它们的叫声还能吸引那些路过的凶狠的老鹰，庞大的老鹰会飞来，用爪子抓起无辜的猴子，把它们撕成碎片吃掉。

你能成为动物学家吗?

在肯尼亚有一种小猴，它们遇到豹、鹰、蛇等动物时，能用不同的声音报警。一位动物学家在猴子面前播放这些报警叫声的录音，你猜猴子们会有何反应?

a) 用手捂着耳朵，不想听。

b) 它们的表现就像这些危险的动物就要来了。

c) 猴子们用烂水果摔向录音机。

别老放这个，弄点迈克尔·杰克逊的音乐听听好不好!

答案

b) 听到有豹的报警信号，猴子们爬上树；听到有鹰的报警信号，猴子们躲在树下；听到有蛇的报警信号，猴子们躲在灌木里。

神奇的表达方式

有些动物不通过声音也能交流（有些成年人觉得孩子们就能做到这一点）。

1. 印度洋里有一种鱼，当它想要打架时，就变成暗灰色；如果打败了，则变成白色——可能表示害怕了吧！

2. 当某种雄性鱼喜欢上雌性鱼时，它的头变成棕色，颚变白，鳍变成血红色。

3. 一些人在生气时常常铁青着脸，你知道章鱼也会如此吗？但不像人那么糟糕。章鱼生气时会呈现美丽的淡粉色。

4. 有一种蟹在生气时变成红色，害怕时变成黑色，在遇到自己喜欢的对象时会呈现出非常动人的紫黑色。

你不能改变身体颜色，但是能通过表情告诉其他人你在想些什么。鸟类、爬行动物和鱼都不会做鬼脸，可是哺乳动物能。我们都曾见过老师脸上生气的表情，可你知道猴子也会做鬼脸吗？著名的博物学家查尔斯·达尔文就研究过这样有趣的表情。

可怕的科学名人堂

查尔斯·达尔文（1809—1882） 国籍：英国

查尔斯·达尔文在小时候几乎放弃了学习。在学校里，他没被激起钻研科学的兴趣，在化学实验课上，老师批评他浪费时间。后来达尔文写道：

学校教育作为一种教育的方式，对我来讲是个空白。

你可千万别对你的老师引用这段话！

可是查尔斯后来对科学产生了兴趣。在1858年，他提出了进化论。通过对古化石的研究表明：古代的动物与现代生物不同，他在新理论中阐述了这种变化。达尔文认为：

1. 有些动物能够生存下来，而有些动物就不能（令人惊奇的说法）。动物学家管这种可怕的事情叫"适者生存"。也就是说，你必须非常地适应环境，才能逃脱饥饿的老虎。

2. 即使在同种动物间，每个个体也有轻微差距。（你肯定和班里每一个同学都不同，是吧？我知道，老师就能把你们区别开。）

是的，你和班里别的同学都不一样，是吧？

3. 动物具有对自己生存有利的特征。譬如夜鹰，它在晚上活动，白天在地上休息。有的夜鹰很能掩饰自己，你一定高兴看到，它们把这种保护色遗传给下一代。

4. 逐渐你就会发现越来越多具有保护色的夜鹰，而其他的夜鹰很容易被攻击性强的猫科动物认出，并且将其吞食。

5. 进化论告诉我们：在悠悠漫长的进化中，每种动物都是怎样在改变着自己的外形，以更好地适应它们的生活环境，否则就会被淘汰。

许多人刚开始听了达尔文说人是从猿进化来的都很震惊。但是现在，达尔文的理论完全被科学家们所接受。

例如：渡渡鸟不能生存下来是因为：

1. 它不会飞；

2. 它很容易被捉；

3. 它的肉很好吃。

猩猩的表情

伦敦动物园，1850年

过路人用极为诧异的眼光注视着：

一个年轻的妇女抓紧丈夫的胳膊说："你说达尔文会在动物园里面吗？"

他回答说："不可能，亲爱的，那种举动应被有关部门禁止。"

猩猩笼子外的一位老人也加入到他们的谈话，老人生气地说："太丢脸了，那个达尔文应该被逮捕！"

伟大的科学家达尔文，在笼子里四肢着地趴在地上，他发出奇怪的声音，努力与小猩猩交朋友。小猩猩一边尖叫着，一边兴奋地跳跃。

达尔文吻了小猩猩一下。令大家（包括达尔文）惊奇的是，突然间，猩猩也回吻了他，达尔文交了一个新朋友。

"哈！太有意思了！"达尔文自言自语道，此时他还没意识到大家都在看着他。

达尔文暂停了一下，拿随身携带的本子草草记了一点儿什么，然后递给小猩猩一面镜子，小猩猩的嘴唇立刻发出了咂咂声，又来了一个飞吻，接着它盯着镜子后面看，希望找到另一只小猩猩。达尔文对小猩猩大笑道："你上当了！"

围观的人们脸上露出非常嫌恶的表情，很快走散了，可是达尔文什么也没有察觉，他刚刚证明了猩猩能够通过做鬼脸来传递信息。他即将发现，我们人类与猩猩有很多相似的地方。

达尔文又把注意力放到他儿子威廉身上，他匍匐过去，俯在儿子身上，使劲地摇动拨浪鼓去惊吓儿子。

他发现婴儿天生就知道怎么笑，怎么皱眉头，这叫作"本能"。达尔文又把调查表寄到国外的官员手中，请他们协助调查，结果表明世界上所有的人都以同样的方式笑和皱眉。人无论使用哪种语言，都是用非常自然的方式交流。通过对猩猩的本能的调查，引出了达尔文的重大发现。

你敢⋯⋯试着和猩猩讲话吗？

在遇见猩猩的时候，你会发现下列手势很有用，你可以把镜子放在面前，练习这些手势（可别在上课时间练）。

1. 吻的表示

意思：请帮助我，我是你的朋友。

说明：如果猩猩做这种动作，你最好模仿它的动作。如果走运的话，你也许不必真去吻它。

2. 咂嘴

意思：我爱你，我甚至想吃你头发上的皮屑和虱子（！！！）。

说明：如果猩猩对朋友做这种动作，你对猩猩咂嘴时一定要严肃点。

3. 牙齿打战

意思：救命！我害怕！

说明：是不是有谁用这招吓你了？

你想试试怎么对自己养的小狗或小猫说话吗？

如果你没能拥有一只宠物猴子，你可以留心观察你的宠物狗或猫的下面这些表情。

1. 有神的眼睛

眨眼睛=我心里比较烦！

2. 吓人的皱眉

皱眉（眉毛压低，眼睛半闭）=前面有危险！

3. 一只生气的动物

眉毛向下，可眼睛睁得很大=我不喜欢你！

说明：盯着看猫或狗是很没有礼貌的，这会让它们很心烦。如果它们的眼睛比你的眼睛睁得大，它们可能决定从你身上咬下一块肉来。

4. 渴望的耳朵

耳朵向一侧歪=我在休息！　　　抖动耳朵=我就要扑过去了！

耷拉着耳朵=我投降了!

5. 神秘的嘴

嘴张开但不能看见牙齿=让我们去玩吧!

嘴紧闭=我正在休息!

露出门牙=我是主人!

露出所有的牙齿=你是主人。但是我不喜欢你,有一天我会勇敢起来,战胜你!

非常提醒

你要尽量对你的宠物说话态度好一些，否则它们会离家出走，要知道，现在有许多动物会抛开现有的一切，走出家庭到外面闯荡。

慢慢滑落！

恐怖的旅途

动物和人一样，有的喜欢旅行，有的愿意一辈子待在家里。可动物旅行不是为了游乐或者度假，从来不是。它们是去寻找食物、住处或配偶。有些旅行是充满惊险的，幸亏它们对住处还不算太挑剔。

艰难跋涉

请想想你经历过的最危险、最炎热、最寒冷或最糟糕的旅行吧。现在设想一下，正在进行同样的旅行，而且是同时经历所有的困难，除了你，周围都是大型野兽。不管你到哪儿，都会有巨大而且饥肠辘辘的野兽等着你，向你猛扑而来……怕吗？那就是旅行中的小动物所感受到的。

令人吃惊的是，那些进行大规模迁徙的动物总能以惊人准确的判断从很遥远的地方找到回家的路。不相信吗？

斯塔基·伍德校长在美国的加利福尼亚州一直住到1952年。那年，他退休了。他来到距加利福尼亚3000千米俄克拉荷马州的一个农场工作。他们举家迁到这里，小猫苏格没跟他们搬家，它被送到邻居家饲养。一年后，这只小猫出现在伍德的新居。它又瘦又脏，似乎刚刚结束漫长而又艰辛的旅行。

太不可思议了！我觉得这是苏格耶。

它能等到天亮——我刚睡。

喵！

真是神奇，来访者真是苏格，据邻居说它在伍德一家搬离加利福尼亚几周之后便失踪了。这只猫身上伤痕累累，为了找到原来的家，这只勇敢的小猫用了整整一年的时间，历尽艰辛，横跨美洲。直到现在也没有人知道苏格是如何完成这一切的。

其他的动物在认路方面也有突出表现，比如鸽子吧。

鸽子的本事

你也许认为鸽子是一种相貌平平的鸟，小小的脑袋，智慧自然高不到哪儿去。你有一定道理。但要说飞行方面，鸽子和许多其他的鸟类堪称是地理奇才。

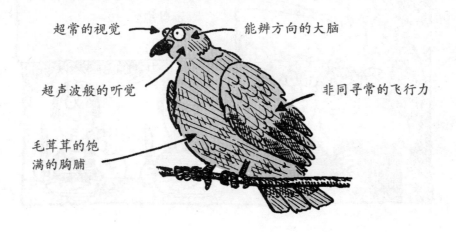

1. 鸽子能以每小时112千米的速度做全天的飞行，连续飞行1120千米都不会觉得疲惫。

2. 鸽子的大脑中含有对地球磁场敏感的磁性晶状物。这可使鸽子分辨出南北方向并确定回家的路。20世纪70年代，一位科学家将磁铁系在鸽子头部，想用这个实验证明鸽子的这个特点。这块磁铁使鸽子的磁性晶体受到干扰，于是，这只可怜的鸽子迷失了方向。

3. 鸽子和其他能长距离飞行的鸟一样，能够识别地面标志，还能利用太阳和星星的位置确定方向，它们甚至能够看见云层后面的太阳光。

4. 如果靠以上那些还不能辨别方向，鸽子还有接收人耳感觉不到的超低音的能力。比如，鸽子能听见数百英里之外的海浪的声波，这是它们能够通向海滨的原因。

5. 它们有这些惊人的能力，所以你不必诧异，为什么一只在比赛中获胜归巢的鸽子要以黄金来论价。一只这样的鸟，1988年售价高达77 000美元，甚至它每个蛋的价钱都高达2400美元。用几个这样的鸽蛋做成的煎蛋卷一定是世界上最昂贵的。

有许多鸟进行长距离高空飞行，鸽子只是其中特殊的一种。许多鸟每年从一个地区迁徙到另一个地区。它们这么做，是因为它们有一种强烈的愿望，就是沿着一个方向去寻觅更多的食物或更合适的栖息地。但是，科学家们仍无法确切知道：鸟们到底是为什么要这样做，它们是怎样做的。你喜欢这样的旅行吗？

假日去 飞行

雨燕的旅行

在非洲阳光灿烂的东南部做空中旅行。远离英国讨厌的冬天，连续地痛快地飞翔，你可以在途中给自己抓点咬起来嘎吱作响的昆虫吃，并拥有方便的洗浴条件——只要在雷雨中穿行就是了。旅行者注意：旅程长达19 200千米，在此期间不可着陆，连上厕所的时间也没有。

信天翁的浪漫旅程

南极洲是地球上最后一块没被破坏的大陆。现在，你开始围绕它美丽的海滨飞行，寻找你想吃的鱼，俯瞰美丽的风光、享受平稳流畅的飞翔之乐。信天翁飞行员可连续飞行6天而不扇动一次双翼，飞行中的食物有令人垂涎三尺的生鱼——味道特别诱人呢。

北极燕鸥出行

这是一个不同寻常的假日。保证是个好的天气！对，保证每一天都是好天气。来，逃离北方冬季的潮湿和阴郁，飞向阳光明媚的南极吧。每年的这个时节，那里是最温暖的。然后再及时地返回北极过夏天，这一路上有鲜美的鱼肉做晚餐。

惊险的动物旅行

除了鸟类，其他的动物也会迁徙。它们的旅行充满了艰难与危险。以下是一些最惊险的例子，你也跟它们一起去旅行吧。

缓缓而行的两栖动物

每年，成千上万的青蛙和无所畏惧的蟾蜍都会返回到池塘中，它们曾在那里度过蝌蚪形态的童年。它们这样做的目的是交配和产卵。悲惨的是，它们经常试着跳到马路的另一边去，却因为不看车，被汽车轧成薄饼！还有的时候，它们历尽千辛万苦到了目的地，却发现人们已把池塘的水排干！还好，在有些地方，动物学家为了方便这些迁徙的野生动物顺利通过，在路面下开挖了隧道。

在他们修好地下通道前，我们让鹈鹕帮我们过马路。

友善的蛇

每年，20 000条束带蛇爬行16千米，它们从位于加拿大的马尼托马沼泽地的夏季住所，迁移到隐蔽的岩石坑中——它们冬季的庇护所。冬天过去后，它们又返回沼泽地，只要你不在乎数千条蛇爬过的景象，这事也就没什么了不起的。

蛇坚持走捷径穿过人们的住宅，还经常光顾他们的餐桌。

疯狂的旅鼠

旅鼠是小型的毛皮动物，它老是在北极的雪地上快乐地跳跃。但每隔3到4年，就会出现麻烦。旅鼠数量的迅速增长，使附近再没有足够的食物维持它们的生存。这时，旅鼠会组成声势浩大的队伍，攻击它们旅途中的任何动物——包括人类。它们疯狂到企图游过宽宽的河流。它们到底要去哪儿？旅鼠们自己并不知道。有一则寓言讲道，旅鼠在迁徙途中会从高高的悬崖上跳下去——这是不符合事实的，即使是对一只旅鼠来讲，那也太疯狂了！

海龟的艰难旅程

每年，绿色的海龟都要游到大西洋的一个岛上去产卵。没有人知道，它们去那儿只是因为这座岛上吃海龟的大型动物比较少。不幸的是，这座岛只有13千米长，9千米宽。海龟必须游2080千米才可到达。更糟糕的是，疲惫的海龟最高的速度只能达到每小时3千米。

你走得太远了，这里是太平洋。

平静的归程

15年来，这条欧洲鳗鲡除了在一条满是泥沙的河流或池塘中蠕动外，什么事情也没做。它不时吃掉游过的鱼，并嚼得嘎吱嘎吱响，以此取乐。终于有一天，鳗鲡开始感到非常难受，它病了。它的颜色从黄变到白，眼睛也凸了出来。

它的嘴开始变长，随后，鳗鲡产生一种强烈的欲望：一定要游回大海。这种愿望如此强烈，以至于鳗鲡宁肯冒着生命危险在干燥的土地上滑动到最近的河流，再全程游过这条河，来到入海口。它总共蜿蜒行进了有4000千米的路程，最终来到撒哥萨海——大西洋中海草丛生的地方。

刚刚到达目的地，这条疲惫的鳗鲡就死去了。也许你认为它是毫无意义地浪费生命，其实在鳗鲡死去之前，它进行了交配。它的后代（就是小鳗鲡）——那些微小透明的鳗鲡，又为寻找家园而上路了。没有得到任何帮助，它们又找到了通向欧洲河流与那条池塘的小溪。

你能猜到这其中的秘密吗？没有人知道它怎么会形成这种令人惊讶的生活方式，它们是用什么办法在神秘的迁徙中认路的。

无论需要走多么远，每种动物的身体都变得逐渐适应这一切，于是海豚需要有鳍，鸟类会长双翼，而青蛙会成为跳跃的冠军。下面就请你来继续这个话题吧。

你敢……亲自和长臂猿一试身手吗？

你的弹跳能力怎么样？你别打岔说："我的蝉叫得不错。"你得知道，这个弹跳意味着从一个树枝跳到另一个树枝！早上这样跳着去上学可是很危险的哦。但是，长臂猿总在这样跳跃，一点儿也不觉得稀罕，因为真正的长臂猿是住在东南亚树林中的。

这就是它们成功的秘密：

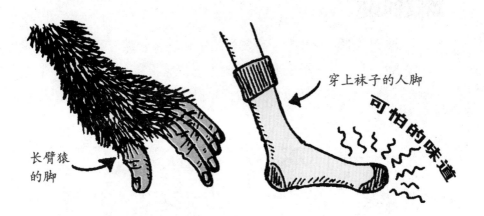

长臂猿
的脚

穿上袜子的人脚

可怕的味道

这是这只长臂猿的脚，把它和你自己的右脚相比（你脱掉袜子再比效果更好），你看到了什么区别？

a）没什么，我们的脚长得几乎一模一样。

b）长臂猿的大脚趾像我的手上的大拇指。

c) 长臂猿的脚趾要长一些。

答案

b) 和你的脚不一样，长臂猿的脚不擅长在地面行走，而擅长在树枝上攀缘悠荡。你有本事用你的大脚趾做到这一切吗？长臂猿有着长长的臂膀，结实的肩部肌肉，所以能自由地在树枝间跳跃。

就像你终于要结束在学校里一天的辛劳学习时一样，每个动物都会想到家。但对于动物来说，"家"不是一个看电视或玩电子游戏的地方，而是一个储存食物，哺育下一代，躲避更大、更凶猛的野兽的地方。我敢发誓，要是你，住在任何一个动物之家都不会觉得舒服。

糟糕的家

1. 澳大利亚白树蛙是一种友好的小动物，它黏滑的脸上有着愉快的笑容。显然这位快乐的跳跃者对自己的家很满意——一只盥洗室（厕所）的水箱（在厕所发明之前，它们住在味道难闻的池塘里）。

啊——厕所里面有只蛙！

2. 北美洲东部有种脾气暴躁的海龟，它们常在臭气熏天的肮脏池塘或恶臭的下水道里安家。就是你愿意，也别在这种地方蹚水。在浅水中潜行的海龟，最喜欢食用粉红色的脚趾了。

3. 章鱼在海底空心的物体中生活。你别大惊小怪，真的，对于一只小章鱼，人的脑骨都可以成为它的小安乐窝。

4. 鹰和鹗常在树顶用枝条做成又大又脏的窝。但有时不走运的它们竟在电塔上筑巢，于是会发生小鸟触电事件。于是你可以把它当作"肯德基吮指原味鹰"了。

5. 穴居褐雨燕和雨燕有亲戚关系，当然了，它们住在洞穴里。用唾液将植物碎屑粘在一起，就制成了它们的巢。对啦，褐雨燕分泌的黏液是一种强力胶，在中国是一种珍贵的补品，叫作燕窝，用它可以烹成燕窝羹等。可奇怪的是，这种褐雨燕自己也吃差不多的东西，它们用唾液将各种昆虫粘在一起，一团一团地喂给雏鸟吃。

并非所有的动物都亲手建设家园，那毕竟是一项十分艰巨的工作啊。有一些动物会搬到其他动物建好的住所去。譬如北美洲的黑尾草原狗吧，这是一种类似松鼠的动物，它们掘出一条地下迷宫作为居所。有些地道规模十分大，达到50个出口！修建好后，不速之客很快就会搬进来，这些房客是：猫头鹰、松鼠、火蜥蜴、老鼠、黑足雪貂，甚至还有奇特的响尾蛇。

这些房客不仅仅是借房一住而已。有些动物会做出很不客气的事，譬如吃掉它们活蹦乱跳的房东，喝它们的血。如果你够大胆，就请读下去……

下一章才叫人毛骨悚然呢！

共生与寄生

不同的动物住在一起时，好事与坏事都可能发生。有些动物之间互相帮助，有些不过是无害他人的食客或房客……还有些，会为了自己的需要，毫不顾忌地损害其他动物。

共生

你觉得奇怪吗？动物是会互惠互助的。你们养过宠物吗？像狗啊，猫啊，甚至是蟾蜍、蛇。宠物们与我们和睦相处，经常体现出它们的友好，比如，它们很少把泥带到地毯上。反过来说，我们养育它们，给它们提供住处。还有其他动物，像马、驴、羊、狗等，它们为我们工作，我们给它们的回报是更多的食物和安全的住所。动物们互助互惠，这就是众所周知的共生。

你肯定不知道！

有时人们饲养的一些动物也养宠物。美国有一种名叫可克的大猩猩，人们教它用手势说话。现在可克正高兴地与研究员比利·帕特森博士生活在一起。这种大猩猩有一个特殊的愿望，不是别的，它只想要一只属于自己的小猫咪。1984年，帕特森博士真的送给它一只小猫。

可克待它的宠物像自己的孩子一样，还给它戴上可爱的小帽子和用碎布料做的衣服。可克时常让小猫给它搔痒痒（大猩猩就喜欢让人给它搔痒），当小猫表现好的时候，可克用手势夸它是一只温柔的小猫。如果你喜欢大团圆结局的话，就别往下读了……

很快，小猫被车撞死了，可怜的可克非常伤心，怎么也不能让它快乐起来，直到帕特森博士又给它带来一只猫咪。

长羽毛的朋友

1. 非洲有一种小鸟，它喜欢吃蜂蜡和在黏黏的蜂房中蠕动的多汁幼虫，但怎样才能得到它的食物呢？很难，蜂蜜被数以千计的坏脾气的蜜蜂保护起来。

这只鸟的办法是：呼叫着，吸引过路的寻觅蜂蜜的獾，然后它飞向蜜蜂的巢穴。

这只獾理解了鸟类的信号，帮它出手了。蜜蜂无法对付獾粗厚的皮，只能任獾咬开蜂巢，然后，小鸟就狼吞虎咽地吃光剩下的蜂蜜。

这种鸟的名字是什么？顾名思义——寻蜜鸟。

2. 还有一种非洲鸟类，叫黄嘴牛掠鸟，它经常落在河马、斑马和犀牛的背上。这些大型的动物并不介意。这种鸟吃掉落在它们背上的苍蝇，还提醒它们附近有情况。

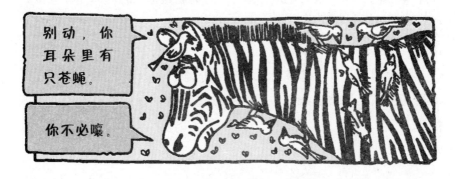

如果没有引起这些大动物的注意，黄嘴牛掠鸟就会用嘴敲它们的头来提醒。

共生者

有些动物是靠给其他动物提供住所，来回报它们的帮助。

大多数鱼类碰到了葡萄牙水母有毒的触手，都会后悔的，因为这意味着它们所剩的时间不多了。可有一种特殊的鱼类却把葡萄牙水母当做家。双鳍鱼是一种生活在水母触手中的小鱼，在水母黏滑的皮肤保护下，避免受到伤害。双鳍鱼则使水母的触手保持清洁和完好无损。当其他的鱼类想抓住双鳍鱼时，它们会成为水母的战利品，而双鳍鱼呢，就可以尽享水母吃剩的美味了。

在海底安逸的沙质洞穴中，有一些很不般配的同居者，它们就是虾虎鱼和瞎眼的虾。虾负责挖洞穴，而虾虎鱼指引它的同伴去觅食。虾将触角吸附在鱼尾上，如果遇到危险，虾虎鱼就拖着尾巴，这对伙伴一同逃回家中。

互相利用，彼此照顾，还不能概括动物朋友所做的一切，有些动物甚至相互帮助洗澡，你要是不挑剔的话，有很多的清洁员供你挑选。

动物保洁清单

喂，小鱼，你想洗刷一下吗？

让友好的清洁员濑鱼为你服务吧，我们会将肮脏的霉菌和细菌清除掉，使你的鳞片焕然一新！保证又快又好。

"清洁员濑鱼一次可清洗由300条鱼组成的队伍，强力推荐！"

—— 鲨鱼

（于太平洋）

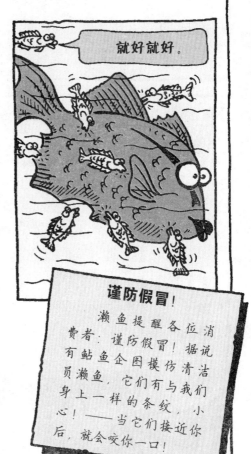

就好就好。

谨防假冒！

濑鱼提醒各位消费者：谨防假冒！据说有鲇鱼企图模仿清洁员濑鱼，它们有与我们身上一样的条纹，小心！——当它们接近你后，就会咬你一口！

虾虎鱼为您进行专业清洁美容服务

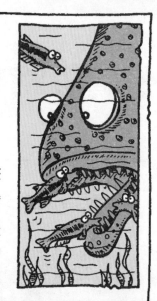

您是一条有口臭的鱼吗？我们会为您提供免费清洁口腔服务！我们将吃掉那些肮脏腐烂的食物残渣，而且不给您造成任何不适的感觉。

 ## 鳄鱼，水蛭让你头疼吗？

水蛭会叮在你的牙床上，吮吸你的血，没有比这更败坏你的盛宴了。千鸟却可以将水蛭吮出来。来，张开嘴，我们把它吃掉，并同时提供免费预警服务。如果你们听到我们低叫，那就说明路上一定有一只凶猛的大动物，这时你最好跳到河里！

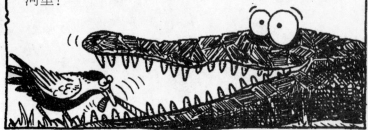

你能当个动物学家吗?

在珊瑚礁上,鱼类清洗是在被称为清洁站的特殊区域由虾负责完成的。科学家从清洁站移开了所有的虾,你猜接下来会发生什么事?

a)鱼儿们只好彼此咬啮,以保持清洁,但徒劳无益。

那些清洁虾在哪儿?

问我没用,我是对虾。

b)没关系,鱼儿们不会为肮脏不肮脏而困扰。

c)鱼儿们会游走,去寻找另一个清洁站。

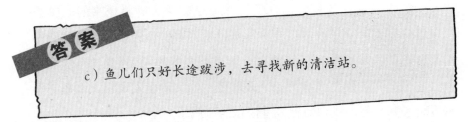

答案

c)鱼儿们只好长途跋涉,去寻找新的清洁站。

令人厌烦的寄生者

并不是所有动物都愿意为别人服务,有的动物在很长时间都不提供任何帮助给其他动物,它们被称作寄生者。这是些不自己去寻找食物,而是以各种可怕的方法从其他动物身上偷取食物的家伙。这些寄生虫对寄主可没一点的好处。在这些寄生虫里,你讨厌哪一种?

中美洲军舰鸟

它们用一种特殊方法不劳而食。当别的鸟抓到鱼后,它们追赶这只鸟，迫使它吐出属于自己的食物。于是，这种可恶的军舰鸟在空中吞下人家吐出的鱼。这还不够讨厌吗？它们还去偷蛋，并吃其他鸟的幼雏（也包括小的军舰鸟）。

欧洲布谷鸟

它们在其他鸟的巢穴中产蛋，在那里孵化，并将原来的幼雏赶出巢外！原来的父母双亲每天继续辛勤喂养布谷鸟的后代，竟然看不出与自己的亲生骨肉有任何差别。即使是布谷鸟长到它们的5倍那么大，它们也不怀疑（你被另一个人取代，你父母会发现吗）。布谷鸟一发育成熟，就起飞到非洲去过快乐的寒假了。

结果如何——它连一句"谢谢"都不肯说！

八目鳗

它们被当作浇灌花园的软水管，整个冬天都没引起大家的注意，这正中它们的下怀。这些令人讨厌的鱼既没有嘴又没有牙齿，只有吸盘和毒牙，它们喜欢的是吮吸其他鱼的血。

还想知道一些真正恐怖的事儿吗？有一种动物潜伏在南美的树丛中，你想知道这种动物是什么吗？关掉电灯，遮上百叶窗，靠近壁炉，这是一个让你肝颤的传说。

什么叮咬了你?

"那件事仿佛就发生在昨天。"这位老人笑着说，露出了一口老牙。在说话时，他的牙缝中发出嘶嘶声，就像一条蛇。

"什么时候的事呢？"小男孩睁大了眼睛问着。

"那是1927年，在巴西，我在那儿研究野生动物。那是我第一次进入原始森林，我还记得那种奇异的景象和特殊的气味。你知道我记得最深的是什么吗？是黑夜。在潮乎乎、臭烘烘的沼泽地带，有嗡嗡叫着的昆虫和呱呱叫的青蛙。那是一个寒冷的冬天，树丛中挂着又大又圆的月亮。

69

"夜幕降临时，我们开始野营。在森林里，天黑得很快，我们早早地点起篝火，支起帐篷。这是老波比的命令，纽约动物学界专家威廉姆斯·波比是我们的探险队队长。他命令我们待在帐篷里，不要出去。"

"他为什么这样呢，爷爷？"

"唔，是因为害怕吸血鬼。"老人气喘吁吁地说。

"吸血鬼？像科特·得克拉那样的真吸血鬼吗？"小男孩提高了声调。

"得克拉不能说是假吸血鬼，约翰。吸血鬼不仅传说中有，事实上也存在，就像我坐在这里一样的真实，是真的活生生的吸血蝙蝠。"

小男孩呼吸急促起来。

"蝙蝠？它们真的咬人吗？"他吭吭哧哧地问。

"那当然了，它们攻击牛、马这样的动物，但它们不怎么攻击狗。因为狗能听到它们到来的声音。

"蝙蝠像鬼魂一样，静悄悄地从树上的巢穴中飞下来。

"它们有旧皮革似的翅膀，有巨大的耳朵，它们沿着地面爬行，找到你的脚，然后舔你的脚，试试是否新鲜而柔软，接着它们就咬你！"

小男孩紧张地盯着他问："它们真的吸血吗？"

"不，它们只是舔一舔，就跟猫舔牛奶一样。"因为波比是这样告诉我们的，他喜欢不停地谈论蝙蝠。

"入夜不久，我突然被惊醒，感到大脚趾上针扎般的剧痛，我大喊起来，一下子醒了，汗流如注。天很黑，我看见月亮下有一个黑影，不知是动物还是人。"

"是蝙蝠吗？"

"不，它看起来像人，说实话，我吓掉了魂，心里就像敲鼓咚咚地响。我摸到了手电筒，赶紧打开看。你猜你看到了什么？是波比，他蹲在那儿，手里拿着一根尖尖的松针。

"'对不起，打扰了你，杰克！'他笑着说，'我只想做个小实验，想知道被吸血鬼咬一口会不会醒。'

"天哪，吓得我不知道说什么好，我嘀咕一句'有你这么干的吗？'第二天，我对队里其他人说这件事，嘿，好像这位波比博士与每个人都开了同样的玩笑，他管这叫'基础性研究'。

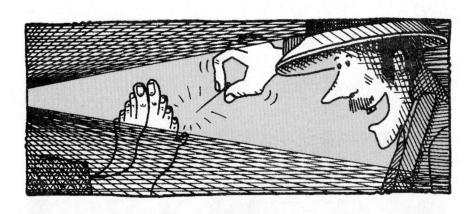

"第二天夜里，我睡得很沉，醒来的时候感觉很好，直到我发现脚出血了。原来，那讨厌的吸血蝙蝠已拜访过我了——我竟没有感觉到！"

"行了，爸。"旁边的女人说，"不要给小约翰讲这些荒诞的故事了，都是胡编乱造。"

"不，这些是真事！"老人大声说，他脱掉了破旧的鹿皮鞋和满是窟窿的绿袜子，露出他的脚。结实的脚上，细小的蓝色静脉交叉地分布在他牛皮纸色的皮肤上。多年过去了，他的脚上仍留有白色的伤疤，看上去像被咬过的痕迹。

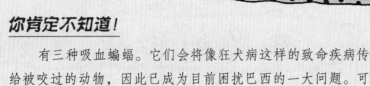

你肯定不知道！

有三种吸血蝙蝠。它们会将像狂犬病这样的致命疾病传给被咬过的动物，因此已成为目前困扰巴西的一大问题。可它们有个好习惯，蝙蝠好像有洁癖，总是在攻击下一个受害者之前将皮毛上的血舔得干干净净。

警惕

还有比被吸血蝙蝠看中更可怕的事，这就是与饥肠辘辘的猎食者共进午餐，这时你有可能出现在它的菜单上。

残忍的猎手

你饿了，也许会去商店买些吃的，就是采购。但动物通常不这样做，它们会腾空而起，追捕那些不幸的小动物作为午餐。请看它们的出色业绩。

可怕的捕食者

像狮子、老虎这样的狩猎者专吃大型动物，它们的生活轻松自在。它们大多数时间都在睡大觉，以消化大量的食物。只有当它们真正饿的时候，才去狩猎。这时，你最好躲它们远点！其他像野狗、狼这样的狩猎者，就遇到什么吃什么了。它们老是在寻觅免费的午餐，所以你最好时时刻刻躲着它们。

当心，狩猎者可会耍诡计了。

种种卑鄙伎俩

1. 它们悄悄地跟踪着牺牲品，然后不动声色地绕过大树，扮成一个枝条。中美洲的橄榄绿蛇就是这样的，它们从鸟窝中击落并抓住一只可怜的幼鸟之前，一直是这样安静而温柔。

它们还没察觉！

2. 青蛙蹲在那儿一动不动，就像在参禅打坐，但有一个指头不停地抽动，吸引昆虫或其他小动物把它当作食物前去就餐。上当受骗啦！现在可是青蛙的开饭时间。

3. 有一种鼬的臀部像一朵小花。这种鼬趴在灌木丛里，屁股朝天，当昆虫落在这朵美丽的"花朵"上时，鼬就会猛转过身，将它吃掉！

4. 身穿白衣的北极熊在冰天雪地里是很难被发现的，但熊的大黑鼻子却非常显眼，所以熊总是在面前挡一块冰，以隐藏它那引人注意的鼻子，这样就可以不知不觉地靠近海豹。

5. 大家都知道，响尾蛇的尾巴后边有一只响环，个别学者认为：响环发出的声音是用来警告人们回避的（就好像王公大臣出行），哈！好像蛇还挺有想法。

　　事实上，这个响环是用来吸引其他动物注意的，这样其他动物就不注意它那长着致命的犬牙的头。你能否像这些可怕的狩猎者一样聪明呢？现在给你机会去测试一下。设想你就是南非平原上的一头雌狮，你会充当哪种狩猎者呢？

狮子的狩猎技巧

　　在狮子群里，总是雌狮们一同狩猎（懒惰的雄狮可不干这种事）。

稳当老爷的雄狮

　　1. 你所在的狮队正在追踪一群小羚羊，你准备从哪个方向接近它们？

　　a）顺着你后背吹来的风出击，使羚羊闻不到你的气味，你的突然出现会让它们吓得不知所措，乖乖就擒。

　　b）迎着吹向面庞的风出击，让羚羊能闻到你的气味。

　　c）从太阳直射的方向出击，让羚羊眼花缭乱。

　　2. 现在，你所在的狮队准备分成两组，你知道下一步该怎么办吗？

　　a）一组去追赶羚羊，把它们逼到埋伏在暗处的第二小组那儿。

　　b）一组追赶羚羊，另一组去追附近的斑马，这样才会事半功倍。

　　c）一组追赶羚羊，另一组站岗守卫，防止土狼将肉偷走。

3. 你要选择一只羚羊去攻击,你选哪一只?

a)大的——能得到更多的肉。

b)小的——抵抗力差,可以减小战斗的难度。

c)弱的——更容易抓住。

4. 雄狮大吃一顿,而当雌狮们辛苦狩猎的时候,雄狮却在懒洋洋地晒太阳。现在大家都饿了,那么谁将得到最好的那份?

a)首先是雌狮,然后是幼狮,雄狮可分到一些吃剩的,因为它们没有功劳。

b)雄狮应得最好的部分,雌狮和幼狮可得剩下的那部分,而且还得看它们的运气。

c)幼狮,因为它们在成长,需要多吃食物。

5. 现在,一只新来的雄狮赶走了你的狮群中原有的雄狮,杀死并吃掉了你的孩子,你怎么办?

a)向山上逃跑。

b)杀死它,也吃掉它的孩子。

c)和它做朋友。

6. 旱季食物匮乏，你吃什么呢?

a）其他狮子。

b）鱼、昆虫、蜥蜴、老鼠和宝贵的乌龟。

c）吃储存起来的骨头来应付困境。

答案

每道题一分。

1. b）

2. a）狮子在狩猎时表现出一种有组织的合作，一些科学家认为这是一种假象，所有狮子都在各做各的事情。

3. c）

4. b）雄狮比雌狮更高大、更强壮，如果食物不够分给每一个成员，那么雌狮和幼狮就要挨饿啦。

5. c）讨厌而真实，幼狮一出世，雄狮就让雌狮照顾它们，雌狮需要雄狮保护它们免受其他雄狮的伤害。

6. b）饥饿的狮子什么都吃，你如果在这个地区可要当心啊。

你的分数意味着:

5—6分 掌声雷动，你已成为一名伟大的狩猎者。

3—4分 从胆量上说你是英雄，但你还需掌握更多的技能。

1—2分 你永远当不成一只狮子，还是收起你的傲慢，做人吧。

你能当个动物学家吗?

印度豹是来自非洲平原凶猛的狩猎者。这种大型猫科动物是地球上跑得最快的动物，在短距离冲刺中，它的速度可达每小时110千米。但是奔跑中的印度豹肌肉会产生巨大的热量，如果印度豹以全速奔跑超过几秒钟，它就会患致命的脑损伤。一只气喘吁吁的印度豹需要四肢朝上几分钟后才能恢复。

1937年，一位动物收养者在印度举行了印度豹与灰狗赛跑比赛，你猜结果如何？

a）灰狗赢了。

b）印度豹吃掉了灰狗。

c）印度豹赢了几次，其他大多数比赛都输给了灰狗。

答案

　　b）印度豹不喜欢比赛，在1937年的比赛中，印度豹只跑了一半就去休息了。

　　到目前为止，我们讨论的所有狩猎者都是陆生的，可这并不是说明你到水下就安全——特别是在你具有可食性的情况下。

　　海洋与河流中聚集着数百万凶猛的鱼。以下对哪种鱼的描述是夸大其词的？

鱼类也残忍

1. 喇叭鱼会在体形大却很驯顺的鹦鹉鱼身上搭便车，当喇叭鱼发现了可以食用的小鱼时，就会跳下"车"，很快杀死它！（真／假）

2. 恐怖的青鱼袭击了北美洲东海岸线的鱼群。这种残忍的青鱼可以杀掉超过它饭量十多倍的鱼，它们一次吞下40条鱼，然后把它们吐出来，留着继续吃！（真／假）

3. 恶臭的鳕鱼有一种非同寻常的致命武器——可怕、难闻的气味。当小鱼经过时，鳕鱼就吐出一股毒气，熏倒它的猎物。（真／假）

4. 垂钓鱼的嘴上方伸出一个独特的钓鱼竿，上面挂着一个像虫饵似的东西。当其他鱼想去试探这个虫饵时，就会被一口咬住。（真／假）

5. 刀鱼有像剪刀一样的颚式抓斗，它用这些可怕的武器来剪断它的猎物。有人说它甚至能剪断深海中钓鱼者的鱼线。（真／假）

6. 深海蟾鱼嘴里有1350盏小灯，它们在海洋深处闪闪发光时，小鱼们会聚集过来欣赏这美丽的景观，一旦小鱼进入它的口中，蟾鱼就会闭上它的大嘴——演出到此结束。（真／假）

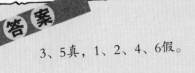

3、5真，1、2、4、6假。

你肯定不知道！

　　真的存在一种凶猛的鱼，那就是巨大的白鲨。你知道吗？鲨鱼可以感觉水下距自己1.6千米远的物体在运动，甚至相距400米就能闻出血的味道。它经常在受害者的后面或下方跟踪它们，最后，鲨鱼会闭上它那冷酷的黑眼睛，感受着猎物的心跳，是的，心跳会产生微小的电波，鲨鱼可以感觉到它，那么现在，抓住狠咬一口的时候到了。

你能当个动物学家吗？

　　在印度、澳大利亚以及东南亚水域，生活着喷水鱼，它有一种不同寻常的秘密武器，就是一只嵌入体内的水枪，看，这只2厘米长的鱼会对过往的昆虫进行高度准确地喷射开"火"。

　　在某座公共水族馆里，有一群放养的鱼。在鱼池周围有投放的150克生肉，饲养员想知道鱼是否能够移动这些食物，你说呢？

a）它们是些小水枪鱼，无法移动这些肉。

b）鱼儿持续喷射，直到肉落到水中。

c）鱼儿不能通过喷水移动肉屑，但可以跳上岸来，把肉放入口中。

答案

b）是的——它们确实可以进行大规模的喷射。

你信不信？你的身边就生活着最凶猛的狩猎者之一。这种残忍的动物很可能就潜伏在你的窗帘后边，和你一块儿看电视呢！对了，说的就是你那只猫，它并不那么可爱。你的小猫看似温柔无比，其实暗藏杀机！

可怕的小猫

你以为小猫蹭你的腿，就是为了表示友好吗？并不是，小猫正把它的气味留给你作为标记，说明你是它家庭的一部分。

这姑娘是我家的。

小猫们还有自己的狩猎区呢，它一般都不允许其他的猫进入这个区域，这个区域比你的花园还要大一些。

小猫捕食前先跟踪猎物，它先是静止不动，然后悄悄地追踪，最后，它猛扑过去。

小猫爱逮昆虫吃，因为小昆虫具有咯吱咯吱的口感——就像你爱吃酥脆的饼干一样。可是它不喜欢抓兔子或老鼠，它害怕兔子，它觉得兔子太大了，而且，它觉得老鼠比劣质的猫食还难吃。

当小猫拿老鼠取乐时，它不算残忍吗？它是一只巨大可怕的猫，受惊的老鼠会反击的（有些可怜的老鼠是这样）。猫们总是和老鼠保持一定距离，不能让老鼠逃掉。

小猫先吃老鼠的脑袋，生吞掉。在食用鸟类之前，它会用牙撕掉鸟的羽毛。

第一道菜：老鼠

第二道菜：鸟（收拾干净的）

当小猫带给你一只半死的老鼠或是一只濒临死亡的鸟时，它是在教你如何狩猎，它想让你来干掉猎物。猫妈妈常这样做来训练它的孩子们。

嗨嘿！

跳在它身上之前，一般要大喊一声的。

你肯定不知道!

1. 一只被称为大狗的猫当过很长时间的狩猎冠军。到1987年它死前,它共在苏格兰的格兰特雷特威士忌造酒厂捕到28 899只老鼠。

2. 有一只猫在狩猎中曾经巧妙地挽救了一个人的生命,这个人叫亨利·瓦特,是15世纪的英国伯爵。他被锁在地牢中,就快饿死了。后来,饥饿中的亨利得到了一只迷路小猫的帮助。这只猫照顾伯爵,带来鸽子等各种鸟,维持了亨利伯爵的生命,一直到他被朋友解救出来。

要知道,猫是有野心的,那就是每一只猫都梦想成为一只真正的大猫,一只真正的大猫就是一个绝情的杀手。猫实际上就是像老虎一样的动物。

凶猛的老虎

从老虎的鼻子到它带斑纹的尾巴,一般有2.9米长,204千克重——相当于3个成人的体重。19世纪时,维多利亚的作家对老虎评价很差,他们把老虎看成狡猾的敌人,认为它们会神不知鬼不觉地掠夺猎物。亨·杰姆斯·英格丽斯写道:

85

老虎是……一个狡猾的、卑鄙的、残酷的、长胡须的家伙。

19世纪，人们喜欢用口袋猎获老虎玩，他们这种恶作剧居然获得了印度政府的奖赏！虎皮被制成恐怖的虎皮地毯，许多老虎就因此结束了生命。老虎受到的死亡威胁远不止如此！到1972年的时候，整个印度只剩下大约1800只老虎。1971年，政府终于下令禁止猎杀老虎了。由于政府采取了大量的保护性措施，老虎的数量才在某些地区开始增加。现在动物学家处于尴尬的境地，他们进退两难：当老虎袭击人类时应该怎么办？杀死老虎对吗？

老虎必须死

印度尼泊尔边界，1978年

"老虎必须得死，我自己就能够射死它。"森林公园的主管重重地拍着桌子喊道。

"你不明白！"老虎专家阿朱纳·辛哈说道，身体瘦弱、秃头的他焦虑地皱起眉头。

主管紧紧地抿着嘴，他涨红着脸，用湿手帕擦去脸上的汗。窗帘拉着，顶棚上的电风扇慢腾腾地转着，屋里还是很热，"不，西尼先生，你没搞明白，咱们回顾一下事情的经过，好吗？4月3日，有个人在森林里失踪了，他成为老虎的第一个牺牲品。此人被老虎吃剩的遗骸装不满一个鞋盒。3天后，又死了一个人，我目睹了老虎吃掉他的过程。我大声叫喊，可那头野兽毫不理会，我真希望那时就开枪打死它。"

他的手指在假想中的枪上扣了一下扳机。

"但是，我们得保护老虎。"阿朱纳·辛哈说，"你不能射杀它们。"

"人类也需要保护！"主管提高了声调，"已经死了两个人，我要尽到自己的职责！"

"你还是不理解，"阿朱纳·辛哈绝望地重申道，"不到万不得已，老虎是不会对人发起攻击的。"

"它们万不得已？"主管怒喊着，眼里是愤怒的火焰。

"老虎很少攻击人类。"动物学家说，"但是人类已夺走了老虎的所有猎物，比如鹿、野猪。老虎饿了，而人正好在林中，老虎也得为了生存吃东西啊。"

"吃人的肉体维持生存？"主管粗暴地说。

阿朱纳·辛哈呼吸急促，他又强调着："别忘了，老虎是受法律保护的，我们能不能想点其他办法，而不去杀害老虎？我们留些水牛给它们吃怎么样？那样，老虎就不会挨饿，如果它们不饿，就不会攻击人类。"

主管苦恼地叹气道："辛哈先生，实话说，如果几天前就按我的想法执行，你的老虎早就变成一堆死肉了，可我的上司和你的意见一样，不许杀害动物，所以我想我只好再认真考虑一下你的意见。"

他还不是很情愿。

几天过去了，主管还没有作出任何决定，可是，老虎又开始袭击人了，当阿朱纳·辛哈分析出老虎的足迹时，他的心沉了下去。

"没错，我想这是同一只老虎干的。"他告诉同行的野生动物园工作人员。

"嗯，西尼，"此人严肃地说，"看来主管真要采取自己的行动了，那只老虎现在真是无可救药。"

距老虎拖走猎物的路几米远处，有一颗血淋淋的人头，这是老虎给这位牺牲者留下的一切。

阿朱纳·辛哈回想起公园主管轻蔑的声音，他一定会说："我告诉过你事情会这样！这是你的错。如果听我的话，这个人也不至于丧命。"

动物学家很担心，在下一次会议上还有什么办法能救这只老虎呢？

接下来会发生什么事呢？

a）公园主管采取了自己的行动，将老虎捕捉后射死。

b）阿朱纳·辛哈终于如愿以偿。主管同意为老虎提供食物，使它不再伤害他人。

c）老虎被一支稳而准的飞镖射中，逃到远离人类的地方。

答案

b）主管的上司还是不准他向老虎开枪，所以他又重新考虑，接受了阿朱纳·辛哈的建议。老虎吃了现成的食物后，停止伤害人类，如今许多吃人的老虎已迁移到无人居住的地区。

追踪老虎的诀窍

下面是一些避免被老虎吃掉的办法（但愿你的住所周围没有太多老虎）。

1. 老虎企图顺着风向悄悄向你逼近，一直要用眼睛密切注视这个方向的动态。

2. 如果你蹲下，反倒增加了老虎攻击你的可能性，它会认为你是一个四脚动物而不是一个人。

3. 老虎会从身后向你发动攻击。1987年，在印度和孟加拉国交界处的森林里，人们把塑料面具挂在脑后，这样，当人们背向老虎时，老虎真的会停止攻击，因为它觉得人们一直在盯着它。这是他们脑后的眼睛起了作用。

4. 如果老虎追赶你，而你却把面具忘在了家里时，你最好爬上树，因为多数老虎不会爬树。

5. 老虎总是袭击猎物的颈部。被老虎咬伤的人是肯定没救的了。他逃跑的概率为1％！现在，你大概以为老虎或射杀老虎的人就

是最勇敢的猎手，但你错了！别忘了还有那些长着亮晶晶的小眼睛的家伙。

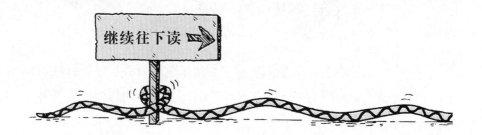

猎物有毒

蛇——哇！它们非常危险，当然了，除了它们以外，还有别的可怕的猎食者也有毒液。是吓唬你们吗？绝对不是。使用毒液确实是蛇杀死小动物的有效办法，看下去，你就会慢慢了解这一点的。

蛇的资料卡片

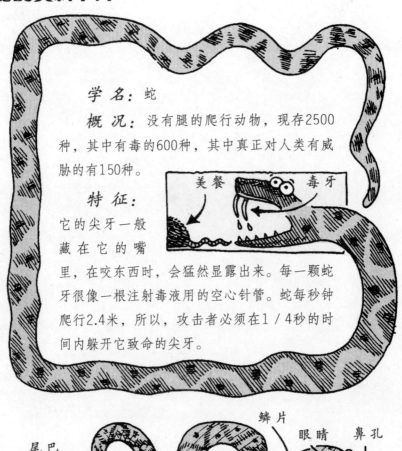

学　名：蛇

概　况：没有腿的爬行动物，现存2500种，其中有毒的600种，其中真正对人类有威胁的有150种。

美餐　　　毒牙

特　征：它的尖牙一般藏在它的嘴里，在咬东西时，会猛然显露出来。每一颗蛇牙很像一根注射毒液用的空心针管。蛇每秒钟爬行2.4米，所以，攻击者必须在1／4秒的时间内躲开它致命的尖牙。

鳞片

尾巴　　　　　　　　　　　　眼睛　鼻孔

叉状舌

险恶的蛇

学 名：眼镜王蛇　*体 形*：可达5.5米长。

栖 息 地：印度、中国南部和东南亚。

特 征：吓人的样子，脑后的垂囊上长着两只眼睛，一个鼻子。在发怒或受到惊吓的时候会暴露出它凶狠的本性。

可怕的习性：吃其他的蛇（这种爱好对人倒是十分有利）。

坏 消 息：它的毒液可以杀死一头大象，所以人被咬伤后就没有任何生还机会了。

学 名：响尾蛇

体 形：可达2米长，纤细的身体带有黄色环状纹路。

栖 息 地：太平洋中的冲绳岛及附近岛屿。

特 征：头部有热探测器，用来搜寻活的生命体。

可怕的习性：喜欢从纤细的裂缝钻进人的住房里。

坏 消 息：喜欢咬人。

更坏的消息：它具有致命的剧毒！

学 名：黑色树眼镜蛇

体 形：3至4米长，是非洲大陆最长的蛇。

栖 息 地：非洲，主要是撒哈拉沙漠南部。

特 征：传说速度快如飞奔的烈马。

可怕的习性：能够将一只完整的老鼠整个吞下，并在9小时之内消化掉。而一般的蛇需要24小时来消化它。

你肯定不知道!

1906年,陆军上校理查德·曼赫查根想要测出黑色毒蛇的爬行速度。他和助手们一起,向一条不幸的蛇投掷了很多土块后,开始测这条被激怒的蛇追赶一名志愿者的速度,灾难发生了,那名志愿者摔倒在地,蛇的速度达到11.2千米/小时。这时上校被迫击毙了那条蛇。

令人不解的是,竟然有些人喜欢蛇,许多人把蛇像宠物一样养起来,真是令人毛骨悚然。幸亏你们的老师不是他们中的一员,否则你就会听到上面那种可怕的事情。

人应该拥抱蛇的五个理由

噢!行了,别说得那么恶心。

1. 其实相比之下,蛇更怕人,毕竟人比蛇大多了。

2. 蛇只有在意识到自己受到威胁时才咬人。印度人有个习惯,要是碰到蛇就停下来和它聊天,这样蛇就不会咬人了。其实,和蛇谈话是没有什么用的,因为蛇是聋子。总之遇到蛇时,你静静地站着,让蛇平静下来,这是保命的好办法。

3. 蛇是非常有用的。从拉塞尔毒蛇体内提取的毒液是一种止血药的必要成分。马来群岛的人用蛇毒来防止血液凝结,以防血液中血栓凝结对人体造成伤害。

4. 有许多说蛇如何危险的故事不是真的。比如，传说马来群岛的一种毒蛇叫"百步倒"，意思是说人被这种蛇咬伤之后走不出100步就会死去。其实并没有那么严重，受害者至少还可以走出千步以上。

5. 人杀死蛇的数量实际上远远高出蛇杀死人的数量。比方说，因为蛇血被应用于传统的中药中，具有利肝、利肺的功能，对人很有好处，那么，成千上万的蛇就遭殃了。还想和蛇拥抱吗？不想？那么你想不想像魔术师一样耍蛇呢？我来教你。

耍蛇实验

1. 捉一条蛇，最好是眼镜王蛇。

2. 除去毒液，这样万一被蛇咬了也不会有生命危险，这个过程也就叫作"挤奶"。具体方法是：抓住蛇的脑后部，使之不能活动，然后让它的牙咬穿一张放在容器上的纸，轻轻地挤压蛇脑后的毒腺，蛇毒便会从牙齿中喷出来（不必为蛇担心，它可以产生出更多的毒液）。

3. 把蛇放入一个竹筐里后，开始吹笛子，一会儿，蛇就会伸出头来四处张望。

4. 边吹边移动你和笛子，蛇虽然听不到声音，但头会随着你移动。

5. 当心！它在伺机进攻。

6. 你被蛇咬了吗？而且忘了做第2步？那么你就要赶快想办法了，下面是一些有用的忠告。

警　告
这些疗法几乎都像一杯热可可饮料一样有用。

蛇伤的传统疗法

1. 喝上4.5千克的威士忌。

2. 拿一把大刀剁掉被咬的指头，然后一枪把蛇打死（牛仔们的办法）。

3. 切开伤口，让好朋友帮你把毒吸出来。

4. 在石蜡里浸泡你的伤口。

5. 用鸡肉包住伤口，再用火烧。

6. 吃一条活蛇。

7. 将蟾蜍压扁，把压出的体液涂抹在伤口上（古罗马人的传统疗法）。

8. 在被蛇咬之前，先服一些蛇的毒液，或在自己的皮肤上割一个伤口，加入唾液和毒腺的混合物。

注意事项

1. 19世纪60年代时，这种办法在美国士兵中广为流传，我看那些没被蛇咬的士兵更喜欢这种方法。其实，蛇毒与威士忌发生的反应足以杀死伤者。

嘿嘿，再喝三杯，你就不会再痛苦了！

2. 没用，在牛仔们扣动扳机的时候，蛇毒早已侵遍他们全身了。

3. 这样做非常危险，你的朋友也可能因此而中毒。

4. 没有用。

5. 一点也没用。

6. 既残忍又没用。蛇也是有感觉的。

7. 同样残忍而且没用。

8. 是的——这样就对了，这种做法在南非的一些土著居民中广为流行，那么试试吧？

合理化建议

补充一句，如果谁真的被蛇咬了（其实这种概率比中彩票还低），你首先一定要记住那条蛇的模样。有一种用来治疗蛇伤的叫作抗毒素的化学药物，会让人的机体内自然产生对抗蛇毒的化学物质。

注射一定量的这种药物会使蛇伤痊愈得更快，但你首先必须记住蛇的样子，才能让医生知道该用哪一种抗毒素。

好了，谈蛇好像并不是你所喜欢的消遣，那么去海边度假应该不错吧？可你要是认为进入水里是安全的，那就错了……

航海时的麻烦

最毒的蛇并不生活在陆地，而是在印度和东亚的浅海里。海蛇的毒可要比其他的蛇毒厉害100倍呢，这是它们最可怕的一点。可庆幸的是，海蛇并不喜欢咬人，所以，印度渔民经常徒手把海蛇从渔网中拖出来。够大胆吧？

另一种海洋的威胁来自章鱼，这种凶残的吸吮者通过叮咬传播剧毒。由于没有人肯做志愿者，接受章鱼的叮咬，所以科学家们很难确定章鱼的毒性到底有多大。

与此同时，陆地上情况也不大妙，除了蛇以外，还有别的呢……

有毒的动物

1. 怪物毒蜥毒倒它的猎物的方法很独特。这种来自美国南部的蜥蝎先是咬住它的猎物，然后将毒液注入猎物的体内。

2. 那些干热的地区一般是蝎子的栖息地，是的，蝎子喜欢干热的环境。蝎子可以在无水的环境下生存3个月，或者在没有食物的情况下生存一年。可是，它又属于耐寒动物，一只蝎子可以经过几个小时冰冻后苏醒过来（看来，如果你想制作一种蝎子口味的冰激凌恐怕是很不容易的）。

3. 蝎子一般昼伏夜出。不妙的是，有些致命的蝎子，像特立尼达岛蝎子特别喜欢依偎在温暖舒适的鞋子里，这样，第二天早晨，鞋的主人就要大受惊吓，不得不为这倒霉的脚而休息一天。

一位女士正在上班路上，突然鞋子里蹦出一只蝎子。

4. 水耗子是一种像老鼠一样的小动物。它们喷出的有毒唾液可以麻倒青蛙和鱼，被麻痹了的猎物只好乖乖地任其摆布了。

5. 你听说过狗咬狗吧？哈哈，可事实证明狗吃癞蛤蟆就不是明智之举了，因为癞蛤蟆皮肤上有毒腺，里面分泌出的毒液足够杀死一条狗。

6. 你知道难以分清性别的鸭嘴兽吗？雄的鸭嘴兽脚踝上长有毒刺，不知道它用这些刺干什么，是为了打退其他动物，还是为了争夺雌兽，反正在需要的时刻它会用的。

现在，你觉得这些有毒的动物怎么样，担心、恐惧、缺乏安全感？还有胆量读下去吗？

惊险逃生

这会儿，你正在咀嚼一块美味的奶酪，过一会儿，你却会被饥饿的庞然大物捉住了尾巴而拼命挣扎。没错，如果你是一只老鼠，生活就是如此。

对不起了，凶狠是我的天性。

但令人吃惊的是，许多动物都能够想办法逃掉，或让袭击它的敌人倒大霉。请看……一些动物天生长有盔甲，具有自我保护能力。你能行吗？

我的狗拥有奇妙的盔甲。

……不，不是这种盔甲。请翻到下页，你会学到很多东西。

101

动物很会自我保护

安全第一

南美犰狳的盔甲款式新颖，分为三段，可以很容易地卷成一团。如果它想戏弄一下它的敌人时，只需在它的盔甲上留一道缝，它的敌人会把爪子从裂缝中探进去。这时，犰狳只要收紧它那钢铁般坚硬的盔甲就搞定了……

狠狠教训一下你的敌人

刺猬和豪猪有带刺的盔甲，使它们不会受到任何伤害。

它们的防御方法是：

刺猬：它的全身有5000多根刺，只要将它的身子卷起来，或用身上的刺猛击敌人的鼻子就行了（对刺猬的忠告：千万别在一辆行进的卡车前面卷成一团，那样会被轧扁的哟）。

豪猪：它会把刺扎在敌人的身上，攻击者不久就会因此而死亡。

逍遥游

有一种豚鱼身上生有长刺，遭遇鲨鱼时，它会全身膨胀，将身上的刺儿乍起，如此这般就没什么可怕的了。

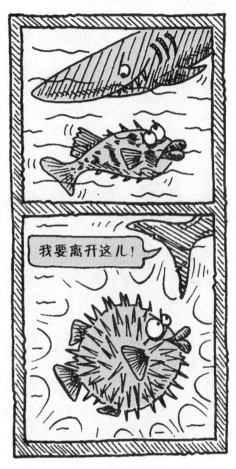

我要离开这儿！

当个英雄

作为一位谨慎的英雄，鮈鱼的装备很奇特。它的体内有一块很硬的脊椎骨支撑着，即使是一个大人踩在它的身上也不会对其造成伤害。

没问题！

警告

别对你的宠物仓鼠这么做。只有英雄才有这种保护层，其他毛皮动物会被压成肉酱的。

没有盔甲怎么办？

如果你没有找到合适的盔甲怎么办？有办法，如果敌人离你很近，你像臭鼬一样用恶臭的烟雾喷它，就可以把敌人赶跑了。

103

臭鼬的防御方法

作为一只臭鼬，你时时刻刻都要记住这种办法，说不准什么时候就会用到它。

方 法:

1. 给进攻者一个警告。来这么个小节目，对你的敌人没什么不公平的，现在试一下吧!

踩踩脚，弓起身子

前后摆动，前腿着地

倒立着走到离攻击者2.5米远的地方

2. 如果敌人不理解你的警告，还在试探你。你该做的就是：背向敌人，翘起尾巴，弓起身子，回头找好目标，瞄准——预备——射击!

3. 你臀部两侧的分泌腺将喷射出一股气体，在喷射过程中左右晃一下你的臀部，让敌人的身体完全沐浴在气体之中。

注意事项

1. 这种气体中含有一种叫作丁基硫酸的化学物质，大概它是全世界最难闻的气体啦。这种气味能持续一年之久，而且，在1.6千米以外都能闻到。

2. 这种难闻的臭气可以破坏鼻子内部脆弱的结构。

3. 这种令人恶心的气体还能让人呕吐不止。

4. 如果喷入人眼中，会导致暂时性失明。

5. 这种物质对臭鼬自己一点儿危害也没有，受害者可是有苦难言，当然，臭鼬的毒气不会置敌人于死地。还有一些动物确实有让敌人致命的防御法宝。

猎物有毒

你坐在一根大头针上不过是一阵刺痛；让蜜蜂叮一下的感觉是火辣辣的；碰了一大堆荨麻，就会得皮疹。这些都对人有所伤害，但不算太严重。

石头鱼用它的毒刺来防御。通常，它们潜藏在澳大利亚海岸线的浅水中，看起来很像是埋在污泥里的石头。中了它的毒刺会使中毒者饱受世上最痛的伤。好在，现在已经发现了能挽救中毒者生命的抗毒素。

别小看眼镜蛇，一条2米长的蛇可以把体液喷出2.5米远，更恐怖的是，这种体液带有剧毒。1克毒液就能杀死165个人或160 000只老鼠。你们在这世上最应该干的事情，就是对邪恶的蛇来一场吐口水比赛。

在南美的热带雨林里，你会看见很多小青蛙在树丛中快乐地蹦来跳去。你看到时会惊奇地想："它们的斑纹为什么这么鲜艳？""也许这是在表示友好的信息吧？"想得倒美，它们是在警告你它们带有剧毒。它们皮肤中产生的1克毒能使100 000个人致死，所以，你千万不要靠近那些青蛙。美洲大陆的土著常把这种青蛙吊起来烧烤，然后用烤出来的毒汁涂抹箭头。

看完这些后，你再也不想吃青蛙了吧？妙哉！那么毒鱼怎么样？一些有冒险精神的人喜欢吃毒鱼，信不信？千真万确。

寿司餐馆的菜单

供应最美味的寿司——用可口的生鱼制作的极品日本精美食品。

今日特色菜：河豚

切碎的生鱼做成美味佳肴，你想品尝的话要与本店签立生死契约！

优质低价

告诫：这种鱼已经被除去有毒的肝、内脏、血和卵，我们的厨师已经有三年的做河豚经验了。可如果你不幸吃了一些有毒的东西，因此危及生命，本店概不负责。顺便告诉你，每年都会发生几起这类事件。

他觉得河豚好吃吗？

不知道，我刚要问他时，他已经死了。

逃 跑

如果你自身没毒，无法保护自己，你只有尝试着逃跑。跑得快的动物，像羚羊吧，跑得比猎手还要快。如果它们先跑起来的话，那肯定就没有办法追上了。美国西部的叉角羚跑起来可达85千米／小时，人与它相比怎么样呢？跑得最快的人在短距离之内只能达到36千米／小时，而且已经上气不接下气了。

快点逃！

隐 蔽

如果你不善于跑，下一招就是悄悄地待着，使自己与周围的环境看上去浑然一体。南美雨林中的树懒每小时挪动241米，它走得那么慢，以至于身上长满了青苔。由于有了青苔做保护色，树懒在树丛中很难被发现。"树懒"一词就是说它懒惰，自然学家查尔斯·霍顿就很不赞成树懒式的生活方式。

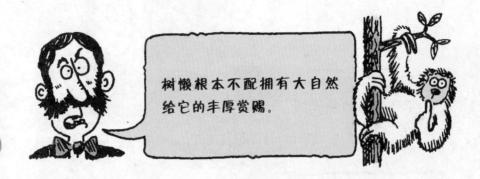

树懒根本不配拥有大自然给它的丰厚赏赐。

什么事也不做，只是在树林中到处游荡又有什么错误呢？

许多动物因为具有和环境相近的颜色，可以藏得十分隐蔽，这叫"伪装"。真正的伪装专家是那些可以根据外界环境随时改变自身颜色的动物。比如比目鱼，它是一种体形扁平的鱼，一位科学家曾经把一个棋盘放在比目鱼栖息的池塘底下，没过多长时间，比目鱼的颜色就变成棋盘的错落方格状。比目鱼皮肤上的色素可以根据大脑的指示聚集或分散。皮肤颜色的改变使它可以成功地避开捕食者。

★鲽鱼和比目鱼同属一个科。

如果你无法改变身体颜色，还可以让自己隐形。大千世界无奇不有，有的动物的身体是透明的，比如玻璃鲇鱼。因为它们是透明的，在多彩的背景下，很难发现它们。想象一下，如果你吃了些什么能让别人一下把你看透，是不是很有意思的事？

动物表演奖

如果以上所有方法对你都无效，那么你可以扮成一种更加凶猛的动物，摆出一副威猛、歹毒的样子。是的，动物也会演戏。来，我们为动物举办一次奥斯卡评奖。

最佳男（女）主角——模仿秀

亚军

根本没有毒性的王蛇因为成功地扮演了银环蛇的角色而赢得此项殊荣。王蛇有着和银环蛇相同的红、黄、黑条纹，唯一不同之处在于色带的顺序与银环蛇不一样，千万认准了！

冠军

地鼠蛇由于出色的表演获得了冠军。别看它没有毒，但它可以像响尾蛇一样发出嘶嘶声，还可以在干树叶上将尾巴甩得噼啪作响，它的敌人难免会误认为它就是响尾蛇而望而生畏了。

最佳男（女）主角——伪装奖

亚军

茶色的澳大利亚蛙嘴鸟睡觉的姿势很吓人，它一般睡在树枝上，看上去像是一段腐朽的枯木。

冠军

此荣誉授予像叶子一样的海马当之无愧，它就像一块从海藻上掉下来的叶子。

最佳男（女）主角——形象最差奖

亚军

来自阿根廷的巴吉特蛙在这一奖项中排名第二，如果你离它太近，它们会像一大团黏液一样膨胀，然后开始尖叫和咕哝。

冠军

此项冠军厄瓜多尔的树蛙当仁不让了，它伸展开来躺在叶子上，看起来就像是一团令人作呕的鸟粪。

古怪的求生策略

动物们有很多生存策略。有一些动物的生存策略在我们看来非比寻常。下面哪种奇怪的求生办法是真的呢？

1. 生活在北美洲西部的长角蟾蜍能从眼睛往外喷血，以此吓唬它的敌人。　　　　　　　　　　　　　　　　　　　（真／假）

2. 来自南美的一种鹦鹉可以发出像鹰一样的尖叫声吓退敌人。

　　　　　　　　　　　　　　　　　　　　　　　　（真／假）

3. 阿西娜玻璃蛇其实是一种无腿蜥蜴，它长达1.5米，在受到袭击时，身体会断成数段，在混乱中它的头部会乘机逃走，接着它还会长出一个新的躯干。　　　　　　　　　　　　　（真／假）

4. 有一种虾潜伏在深海之中，当受到攻击时，它会发出刺眼的电光，并在电光发出之后逃到暗处之中。　　　　　　（真／假）

5. 智利四眼蛙的大腿上长着一对大白斑点，它们会向可能进攻的动物闪动，这对斑点像一对巨大的眼睛，吓跑了大多数敌人。

　　　　　　　　　　　　　　　　　　　　　　　　（真／假）

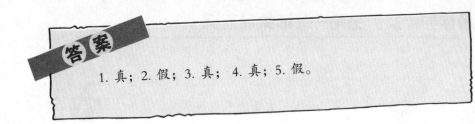

答案

　　1. 真；2. 假；3. 真；4. 真；5. 假。

反击

　　有一些动物在受到进攻时会反击，这在动物界是一种相当普遍的现象，它们的目的就是赶走进攻者。拿鸟来说，许多鸟聚集在一起的时候，它们可能会向一只猫头鹰进攻；黑猩猩会攻击一只豹子。地鼠会向蛇扬沙土。你们敢这样对待你们那儿的街霸吗？

不许再回来了！

　　动物们身处绝境时通常都会反击，甚至老鼠们也会这样做，所以，如果有人夸你"像老鼠一样勇敢"的话，那真的是在称赞你。

讽刺我……

你像老鼠一样勇敢，朋友。

在逃避猎杀者和为求生而奋斗中你又度过了艰难的一天，假如你还活着，祝贺你。你肯定饿坏了，想吃东西吗？来吧，咱们大吃一顿吧！

饕餮之徒

动物们很喜欢吃，吃完一顿还想再吃。它们可不讲就餐礼仪。嗝！哦，亲爱的，看看咱们晚餐吃点什么？

警 告

讨厌狼吞虎咽、大嚼大咽、大声吸吮的朋友，请您翻过这一章节吧，另外也不要在餐桌上大声念这章的内容。如果你这样做了，就会发现餐厅里只剩下你一个人了。想象一下，你将被迫吃下那么一大堆食物。恐怖啊！

难以置信的摄食器官

每一种动物都有上下颚和嘴部，这是重要的猎食器官，这里有一些例子。

1. 长颈鹿的舌头有30厘米长，可以卷住高高的树上的叶子，把它们拉下来吃。这不算什么，南美食蚁兽用它带有黏液的60厘米的长舌头来舔食蚂蚁，每天可以捕获3万只蚂蚁。

2. 亚洲和欧洲东南部的一种仓鼠具有松弛的腮袋，里面可以贮藏种子。有时候，这些小袋里填满了过多的食物导致它举步维艰。这种仓鼠可在洞穴里贮藏多达90千克的种子。

晚餐　午餐　早餐

3. 鳄鱼有个巨大的颚，它利用颚把猎物拖进潮湿的洞穴里。一条1吨重的鳄鱼，它的颚可以产生相当于13吨的粉碎力。

4. 大象用鼻子吸水，它的鼻子可以容纳6.8升的水，一头渴极了的大象一次可以吸取227升的水。

5. 如果蛇用力张大它的颚的话，可以吞下比它的头还大的猎物。美洲食蛋蛇就是用它这种能力吞下整个蛋，而不打碎它。吃惊吧？不过你可千万别在家随便模仿啊！

加油，爸爸，你一定能吞下！

6. 火烈鸟的捕食方法也不同寻常。它用长腿在水中稳稳地站立，然后把头伸进水里，来回地搜寻、啜饮，于是，它嘴里就充满了水。然后，它用舌头和口中的一种筛状结构来过滤，那些小的水生物便会留在它嘴里。

7. 变色龙悠闲地趴在树枝上静候着它的猎物。这时，一只飞蝇嗡嗡叫着飞了过来。变色龙马上张开了嘴，不容你看清发生了什么，它长长的黏舌头已经闪电般射出后又收回来。现在你看，变色龙显得非常愉快，而苍蝇呢？已经找不到了。蛙和蟾蜍也是用这种方式捕食的。

你敢不敢……亲自去尝试像猫那样饮水

用品清单：

▶ 你本人

▶ 一碗牛奶或水

▶ 一个镜子

你要做的事情：

她肯定是没有干净的盘子了。

1. 先照镜子观察一下你自己的舌头，猫可以将自己的舌头边缘卷起来，使之看起来像一把铲子。你行吗？

2. 试着舔碗里的牛奶，然后用舌头把舔起来的牛奶送到咽喉中，有难度吧？

a）很容易。

b）只能够舔起几滴牛奶。

c）根本办不到，幸好猫走了过来，把奶喝光了。

b）人的舌头很难像猫那样卷成铲形。

巧用工具

如果你本身的摄食器官不能满足你猎食需要的话，你可以借助一些工具……

1. 美国的一种绿鸟用嘴叼着树枝剥开不结实的树皮，把树皮下的昆虫赶出来吃掉。

2. 黑猩猩用树枝来捣蚁窝，然后可以吃到沿着树枝爬出来的肥肥的白蚁。

3. 海獭在水面上仰卧，把蚌放在胸部上用石头敲碎。（千万别真的模仿哟！）

4. 画眉把带壳的软体动物从高处摔在石头上，摔碎它们的外壳，有时候你能够看到它周围的石头上满是碎壳。

除了可以使用工具摄食外，动物还有其他绝招呢……

可怕的进食方式

1. 蟾蜍及其他蛙类都会用眼球帮助吞咽体积大的食物。在吞咽东西时，它们会使劲眨眼睛，使眼球向头的后部运动，这样可以使口腔内的压力降低，变得容易吞咽，也许看起来有点儿让人恶心……嗝！

2. 红嘴奎利亚雀是生活在非洲撒哈拉沙漠南部的一种小鸟。它们以谷物的种子为食，很遗憾的是它们喜欢群居，一般可以聚集上千万只之多，所以它们所到之处就会留下一片荒凉。

3. 许多动物储藏食物。我们都听说过，松鼠在秋天储藏坚果，可为什么狗要埋骨头，你知道吗？在几千年前，当狗还生活在茫茫荒野之中时，它们常把骨头埋起来，防止其他动物和它们争食。至今，它们仍然保持着这种习惯。你别想教一只老狗学会新花样了。

4. 秃鹰很喜欢吃骨髓。凶狠的秃鹰把骨头从让人头晕目眩的高度（80米左右）抛下来，把骨头摔碎。据说它们还以这种方式对付乌龟，它们还喜欢俯冲下山攻击登山者。

5. 猫头鹰一般将小动物整个吞下，吐出的皮和骨头像小球的样子。

6. 海星可以将自己的胃翻出来搜寻死鱼或其他的猎物。如果需要，它甚至可以利用肌肉将胃挤压，从口中吐出来，再用胃里的消化液消化掉难以消化的食物。

7. 有许多食草动物，比如牛吧，它的胃里有一种特殊器官叫瘤胃。吃进的食物先被胃酸软化，然后被吐到瘤胃里进一步咀嚼，这个过程叫做反刍。反刍就是为了使硬的食物更容易被消化。来设想一下，如果人也有这种能力如何？那……不堪设想。

食物链

食物链跟叮当作响的锁链或者地牢没有什么关系，和它们相比之下，食物链更加吸引人。"食物链"，是自然学家们描述动物和它们的猎物之间主要关系的一个词，很多食物链都是以植物为起点。

一个典型的食物链如下：

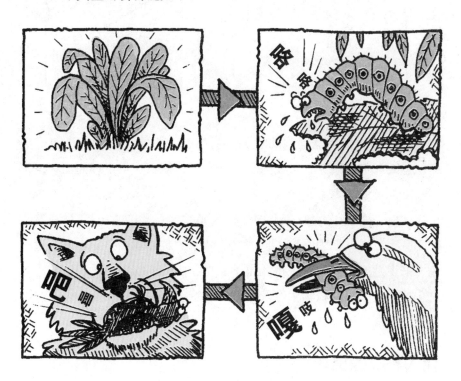

食物网

食物网（和蜘蛛网没什么关系）是指食物链之间的特殊连接形式，人们可以根据这样的关系采取措施：

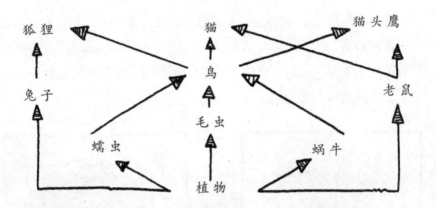

每种动物都依靠其他动物和植物生存，没有了植物，昆虫、兔子、老鼠都将会饿死；可如果它们灭绝了，依靠它们生存的动物也将挨饿，以至危及生命。

注意，如果食物网中上层的动物消失了，会使整个食物网遭到破坏。比方说，狐狸绝迹了，那么，兔子的数量就会急剧增多，这对兔子来说是好事吗？不见得！兔子们将会成倍地吃掉植物，这样，昆虫、鸟、鼠等借助植物生存及隐蔽的动物就遭殃了，而兔子呢，最终也会因为植物的严重短缺而挨饿。

让人恶心的食物

每种动物都有自己所喜欢的食物。动物中只吃植物的叫作植食性动物；只吃肉的叫肉食性动物；既吃植物又吃肉的叫作杂食性动物（包括人）。很简单，是不是？但是有些动物吃的东西实在是太让人恶心了，你能将下面的动物与它们的食物联系起来吗？

动 物

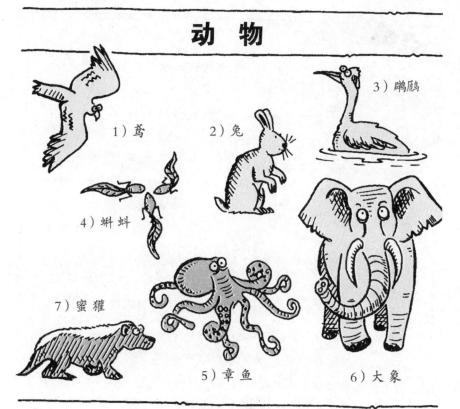

1）鸢　　2）兔　　3）鸊鷉

4）蝌蚪

7）蜜獾

5）章鱼　　6）大象

食 物

a）蜗牛

b）它自己的粪球

c）章鱼腿

d）粪里的甲虫
幼虫

e）羽毛

f）小蝌蚪

g）火山岩

答案

1. a）这种鸢只吃蜗牛，没有别的东西可以代替蜗牛充当它的食物。

2. b）兔子的肠道里有一个装有细菌的小囊，这些细菌可以助消化，兔子将自己的粪便吃下后，可以使食物消化得更加细烂，使营养尽可能被完全吸收。哎呀，多恶心的方式！

3. e）没有人知道为什么这样做，也许是为了用羽毛过滤鱼骨。

4. f）这种蝌蚪吃自己的兄弟姐妹。蝌蚪有两种：无害的植食性和带有尖牙的肉食性，想一想，两种蝌蚪到了一块儿会有什么后果？

5. c）当章鱼忍受不了饥饿时它会嚼食自己的腿，而腿不久后还可以再长出来。

6. g）东非的大象经常吃一种山上的岩石，科学家们认为，岩石里可能含有大象身体需要的元素。

7. d）我最喜欢吃蜂蜜！

全世界最挑剔的食客

你喂养过挑剔的宠物吗？南非有一种好望角糖鸟，它只吃茶树旁灌木丛中生长的昆虫，这种稀有植物只在非洲大陆的最南端才有，好望角糖鸟只喝茶树上的甘露。每只鸟都有属于自己的一片灌木丛，它们时刻提防着别的糖鸟。

世界上最不挑剔的食客

鸵鸟像许多鸟一样，吞食小鹅卵石，小鹅卵石在鸟的沙囊里能帮助磨碎食物，有利于胃部的消化。鸵鸟一般吃树叶和种子。但是按它的主人的说法，它可以吃：

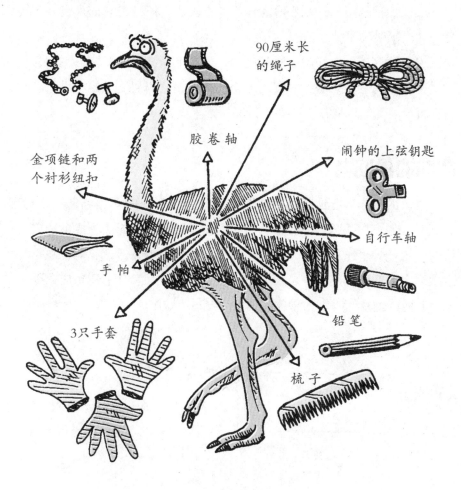

90厘米长
的绳子

胶卷轴

闹钟的上弦钥匙

金项链和两
个衬衫纽扣

自行车轴

手帕

3只手套

铅笔

梳子

干净的动物

　　动物是肮脏的，野兽是龌龊的，你这样认为吗？其实尽管动物在
吃的方面让人难以接受，但它们却是非常喜欢干净的。当然，你的父
母恐怕不会同意你的卫生习惯和动物一样。猫的身体非常柔软，所以
它可以舔遍自己的全身，甚至还能舔得着自己的臀部。猫洗脸的方式
非常特别，它先把自己的爪子舔湿，然后再用爪子擦脸。猫用舌头舔
去掉下的毛，用前牙剔除身上的土粒和死皮，再吐出一些不小心吞下
去的毛。和其他动物一样，它的唾液可以用来杀死皮毛中的细菌。

123

非洲疣猪、河马、水牛等动物喜欢在泥里打滚。对它们来说，这是一件很享受的事情，浓厚的稀泥可以让它们凉爽下来，并且可以防止昆虫的叮咬。鸟类喜欢让蚂蚁爬到自己身上帮助清洁身体，它们喜欢这种刺激的感觉，而且蚁酸还能杀死寄生在它们羽毛里的小虫子。站在冒烟的烟囱口也是杀死那些讨厌的寄生虫的好办法。

恶心的食腐者

强大的食肉者吃饱喝足，梳理整齐后走开了，一群食腐者就会聚集过来大吃一顿残羹剩饭。食腐者指的就是那些专吃死动物或食物残渣的动物。听着怪恶心的，可如果没有这些食腐者的话，我们现在就会生活在一堆堆的尸骨中了。所以，食腐者在某种意义上还是应该受到奖赏的。继续读吗？如果你够勇敢，自己决定吧。

可怕的食腐者

1. 八目鳗看起来像游动着的香肠，没有颚和骨头。它们喜欢吃死去的鱼，整个儿的吃——吐出皮和骨头。

2. 印尼巨蜥形体庞大——它们是世界上最大的蜥蜴，这种长达3米的巨型动物就藏在印度尼西亚岛屿。它们平时不敢露面，却要吃鹿、猪等的尸体。

3. 1960年前，埃塞俄比亚杂货摊上的碎肉都是由土狼来清除的。每年人们还为此奖赏这些辛勤工作的土狼们一只肥牛。当然，土狼习惯于扒食尸体也是一个不怎么好的习惯。

4. 当我们在讨论这个可怕的话题时，我们的朋友龟可能也正在吞咽一些动物尸体。在美国的佛罗里达，警察们利用它这种习性，用驯服了的龟寻找尸体。

秃鹰资料卡片

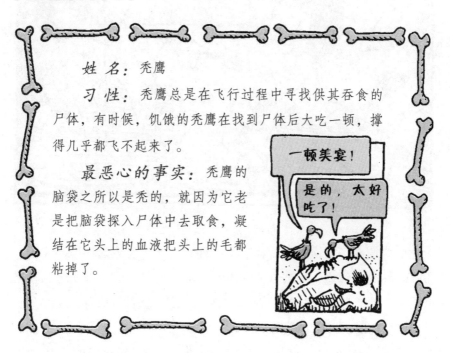

姓 名：秃鹰

习 性：秃鹰总是在飞行过程中寻找供其吞食的尸体，有时候，饥饿的秃鹰在找到尸体后大吃一顿，撑得几乎都飞不起来了。

最恶心的事实：秃鹰的脑袋之所以是秃的，就因为它老是把脑袋探入尸体中去取食，凝结在它头上的血液把头上的毛都粘掉了。

你愿意邀请一只秃鹰共进午餐吗？有些人愿意——下面就是他们的故事。

秃鹰餐厅

1973年，南非的濒危动物保护所所长约翰担心地对他的朋友说："我们得帮助秃鹰们做点什么。"

这真是个问题。

他的朋友不太懂科学，他非常不理解居然会有人这样担心秃鹰。约翰耐心地告诉他，秃鹰目前已面临绝境。1948年时，登山者为马格里斯山上的秃鹰做了标记，那里有许多秃鹰，据估计大约12 000只。人们相信那时实际数量还要更多。

但是，现在这个区域已经成为农场，供秃鹰食用的大型动物的尸体已经很少了。更糟糕的是，秃鹰用垃圾食物喂养小秃鹰。这些垃圾食物不是指汉堡薯条，而是真正的垃圾，比如饮料罐的拉环等，这些东西对小秃鹰非常有害。现在，每年都有大量的小秃鹰因此而死亡。

这就是秃鹰餐厅的由来。秃鹰餐厅的设计非常简单，但很有意思：用篱笆隔开一片土地，放一些尸体在里面，当然要记住将骨头敲碎，以便秃鹰可以吃到骨髓。虽然有些人嘲笑这个主意，但是这个方案已经付诸实施了。

现在，共有100多家秃鹰餐厅为秃鹰供应食物，像死马、死牛、死象等。

曾经有一个名叫麦克的秃鹰爱好者自杀了。他1987年死在一个秃鹰餐厅里，自杀前他嘱咐其他的人，一定要让秃鹰吃掉他的尸体。

在这世界上还有一种动物，它们卑鄙、贪婪、邪恶，和它们相比，秃鹰的饮食习惯简直没什么了，其他动物的破坏行为也不足为奇，这种动物就是老鼠！看看这家伙能干些什么……

老鼠的能耐

一只老鼠可以从5层楼上掉下来，四脚着地，而且毫发无伤。

而且它能够从只有几个硬币大的洞里钻过去。

能够和比它大3倍的动物较量，最终取胜。

不小心掉进马桶的老鼠不会被溺死，信吗？据说这有望成为老鼠的一项新的水上运动。掉进海里的老鼠不但不会丧命，而且能畅游3天而不疲倦。

老鼠可以吃肥皂、喝啤酒，以及任何可以吃、喝的东西——包括你的学生餐。

尽管老鼠进食很随便，但仍然能够尝出食物中的微量毒物。即使是只占食物总量百万分之一的毒物，它也能分辨出来。

老鼠能咬透很多物品，包括铅管、木头、砖、混凝土及通电的电缆。

老鼠的牙齿不停地生长，如果它停止了咀嚼，它的牙不久以后就会弯曲，直至刺穿自己的大脑。全世界每年有1／5的粮食被老鼠吃掉，仅在印度，每年被老鼠吃掉的粮食就可以装满一辆长4800千米的火车。可老鼠回报人们的却是：它的啃咬以及它身上的跳蚤能将20多种致命的病毒传播给人们。

老鼠可爱吗？

虽然老鼠如此可恶，但有些人仍认为它们并不是太坏，以下是他们的理由：

1. 那些关于老鼠肮脏的说法是不正确的，老鼠用它生命中的大部分时间清理自己。

2. 老鼠不吃活人，碰见老鼠你可以高声尖叫把它们吓跑。

3. 老鼠比其他动物更适合当宠物，它们喜欢被抚摩、搂抱，但是千万别对野生老鼠这样做。

4. 如果你厌倦了你的宠物，你会吃掉它吗？老鼠肉的味道像兔子，椰子油煎老鼠在菲律宾是一道极具特色的佳肴。

5. 一对老鼠可以产崽15 000只，但是老鼠非常关爱它们的家庭，不到饥饿难耐时不会吃它们的孩子。

和一些动物的生活相比，老鼠家庭真是非常幸福。

养育后代

你的家怎么样？和睦、亲切、充满了关爱吗？许多动物都关心它们的子女，并尽可能地照顾好它们（跟你父母说说）。但有些动物的家庭并不幸福，它们有互相残杀吞食的恐怖习性，这样的家庭，就餐时间就有一种完全不同的意味。

令人困惑的繁殖

建立动物家庭的第一步是要找到配偶——也就是说，找一位异性成员与其共同生活。雄性动物为了赢得雌性动物的欢心，经常展示出很多非常有趣而又离奇的特征。雄鸟为了吸引配偶要精心梳妆，许多种鸟都生有鲜艳的羽毛，诸如华丽的孔雀、绿头鸭等。

真帅！

许多雄鸟引吭高歌来吸引雌鸟的注意，而雌鸟往往选择歌声最嘹亮的雄鸟。但还有一些动物会用很特别的"歌声"来吸引同伴。比如，座头鲸的歌声在几百千米远的地方都能听得到。也许就在此时，正有一位非常合适的配偶在遥远的海角。即使是美国蚱蜢在交配期间也会挺起腰板，吱吱地高唱起来。

此外，一些雄鸟会为雌鸟建一个美丽舒适的用来产蛋的巢，以此来取悦对方。

鸟 巢 经 纪 人

帮您找到一个舒适的家

拍卖：

一个豪华的鸟巢。

简介：

该巢是一个由纯植物编织构成的牢固居所。

赏心悦目的特色：

本巢出自一位独具创意的建筑设计师之手，包括一堆妙趣横生的蓝色贝壳以及羽毛、瓶盖、笔帽、动物尸骨、鸟头盖骨和一些死昆虫。

目前的房主用嚼烂的蓝色浆果、唾液和用嘴叼来的树枝，将墙壁刷成一种令人赏心悦目的蓝色。

注意：

1. 欲购买者谨记：该住所需要每天反复进行粉刷，无论哪种颜色都可以，最好是蓝色，隔壁的家伙会经常窥视这里，企图偷点什么东西。

2. 如果你不喜欢蓝色，不要紧，颜料种类齐全，还有淡黄色、灰色和红色等。因而你可以为你的巢选到一种最理想的颜色。

如果你是一个雄性动物的话，那么另一种得到配偶的方式，便是赶走所有其他雄性动物，这会让雌性动物认为你很了不起，即使它们不是这么想，你也是周围唯一的雄性，它们别无选择。

鹿、猫、长颈鹿等雄性动物会采取战斗的方式赢得配偶。长颈鹿之间一般是互相以角顶撞；雄鸟之间也会为争夺配偶发动战斗。同一物种间的搏斗中，很少有动物被杀死的现象，只有好战的人类才会杀死它们的同类，但是，知更鸟为什么有时也会遇到同样的不幸？

追踪血迹

你知道在圣诞卡片上出现过的可爱的知更鸟吧？但你知道吗？一段短短的顺口溜有时会让小孩子做噩梦！

是谁杀死了知更鸟？
是我是我，麻雀答道。
是我用我的弓和箭，
杀死了这只知更鸟。

"麻雀太可恶了！"你也许会说，"杀死这样一只可爱的小鸟太残忍了。"这只麻雀的话是真的吗？继续读下去，自己判断好了。

关于知更鸟的案情记录:

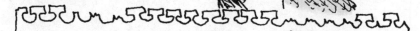

星 期 一

知更鸟于今晨6点两腿僵直而死,身体被部分掏空。开始,怀疑凶犯是隔壁的猫,但事发时它在睡觉。种种迹象表明,牺牲者是被啄死的,因此推断是鸟干的。现悬赏50美元,寻找任何关于死者的消息。

犯罪嫌疑鸟

犯罪现场

星 期 二

知更鸟最后一次出现的时候,正挺着红色的胸脯,用高声歌唱驱赶入侵者,然后一阵沉默。麻雀屈服了,像金丝雀一样歌唱(可是,我不相信麻雀的招供)。

麻雀声称是它干的

你认为杀害知更鸟的真正凶手是谁?

a)一只雌知更鸟。

b)它自己的儿子。

c)一只过路的老鹰。

答 案

　　b）只有在雄性知更鸟间争斗时，老鹰才可能吃掉尸体。知更鸟实际上并不可爱，它们经常会为领地问题与自己的儿子们大打出手，因为没有领地的知更鸟在冬天将会饿死。虽然死亡很少发生，但却发生过。

你想不想亲自……研究一只蛋？

　　一般在交配之后，雌性动物开始产崽，哺乳动物是直接生下幼子，还有一些动物产蛋，你想揭开隐藏在一只蛋内的秘密吗？

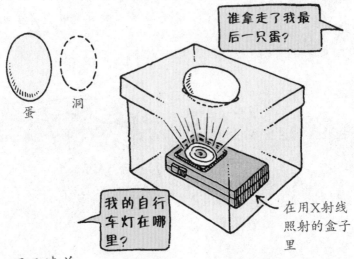

谁拿走了我最后一只蛋？

蛋　　洞

我的自行车灯在哪里？

在用X射线照射的盒子里

用品清单：

　　一只鞋盒、一个自行车灯、一个蛋、一个玻璃碗。

你要做的事情：

　　1. 在盒盖上沿着蛋画线，割一个足够大的洞，使蛋能放在上面不掉下来。

　　2. 把灯泡放在盒子里，打开开关。

3. 把蛋放在洞里。

4. 将房间的灯关上，让屋子完全漆黑。这时你就能够看到鸡蛋的蛋黄了。

5. 轻轻地在碗边敲打蛋，把流质倒在碗内。注意：是流入碗内，而不是地板上。

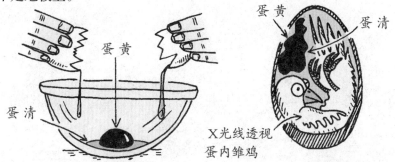

蛋黄

蛋清

蛋黄

蛋清

X光线透视
蛋内雏鸡

6. 蛋的内容是由黄色部分（即蛋黄）和清亮部分（即蛋白）组成。经过上述观察，你能猜到小鸡是如何在鸡蛋里呼吸的吗？

a)它呼吸流经蛋壳的空气。

b)在它孵出之前不需要呼吸。

c)在鸡蛋内肯定有气泡存在。

答案

a）蛋壳可使空气流入，不让水进入，空气可以流入孵化中的小鸡的血管。

c）在鸡蛋较大的一端有气泡形成，这个答案可以得一半分，因为小鸡在孵化之前只呼吸几天这种空气。

你能当个动物学家吗？

大多数鸟类都将吃下的食物吐出，喂入幼鸟的喉咙，这叫吐哺。这个词儿有时候还比喻我们的父母对我们的精心养育。荷兰动物学家尼考拉斯·狄巴更（1903—1988）竭力想搞清，是什么使这个过程得以完成。他注意到：鲱鸥的幼鸟在进食前啄着父母喙部的一块红斑，于是狄巴更开始着手研究这块斑点的重要性。

他做了一个很粗糙的假鸥头，喙部具有完全类似的斑。另外，他还找到一只死鸥的头部，并涂掉斑点。幼鸟们喜欢啄哪一个呢？

a）死鸥的头——它们认为这是它们的晚饭。

b）那个假头——因为它有斑点。

c）都不对，死鸥的头让幼鸟们很不安，它们忘了啄食任何东西。

答案

b）你希望发生什么？一个头会让人想到晚餐吗？狄巴更后来证实了：红色并不重要，任何一种颜色都无所谓，只要斑点清晰可见。

你肯定不知道!

有些动物的幼体看起来不像它们的父母,当它们成熟时,外表变化很大。

1. 蝌蚪长得不像成年的青蛙或蟾蜍。蝌蚪有个小尾巴,没有腿,用鳃呼吸,逐渐地,鳃被吸收了。突然间,从蝌蚪的身体中长出了一条腿,随后,一只蝌蚪可能会长出两条或三条腿。在四条腿都出现之后,蝌蚪的尾部被吸入身体内。青蛙的生活真是不同凡响啊!

2. 袋鼠的幼崽看上去像一只粉红色的蠕虫,体积只有妈妈身体的1/12000。它爬过母亲的身体,找到肚袋,然后就在那里面生活,吃着母乳。7个月以后,袋鼠的幼崽已长得足够大,可以跳到肚袋外活动了;11个月后,它必须离开肚袋自己觅食,这时,另外一只幼崽会立即取代它占了这个好位置。

3. 动物生长期一般都平安无事。一只蓝鲸的生命是从它母亲产出的一枚卵开始的,卵的重量仅有0.00922克,而幼鲸可长至26吨重,它的体重增长了大约300亿倍。

我希望你已经做完作业,不然你就有大麻烦了。

好父母奖章

　　许多动物的父母也喂养孩子并给它们的孩子清洗，下面表彰一些特别优秀的父母。

三等奖——鳄鱼妈妈

　　鳄鱼妈妈将它们的卵埋在河边的沙滩里。95天以后，它们听到自己的孩子在卵里吱吱地叫起来，就开始叼蛋壳。孩子们出生后，妈妈用爪子将孩子们带到河边，让它们走路。接下来的几个月，妈妈会用可口的食物，像香喷喷的青蛙、鱼，或者是压碎的昆虫喂给孩子们。

别忘了，我们在这儿，妈妈！

二等奖——苏里南蟾蜍夫人

　　它的确很丑——即使以蟾蜍的眼光看也是如此（如果它有朋友，

140

它们也会认同这一点）。它没有眼睛、牙齿和舌头，却有一张大嘴，走到哪儿吃到哪儿，但是，它却背着它的孩子们，把它们包裹在它的皮肤下的气泡里。苏里南夫人耐心地照看孩子们2个月的时间，直到孩子们长得像它一样丑陋，几乎成为它的小复制品。

一等奖——帝王企鹅

帝王企鹅最疼爱孩子，当企鹅夫人游到海里捕鱼时，上千只雄企鹅站在冰冷的南极大陆耐心守望。每一只雄性企鹅都将把一只巨大的蛋放在脚上暖着，这时如果蛋掉下来，里头的幼鸟就会死掉。雄企鹅站在那儿，40个日日夜夜不吃不睡，一直到配偶归来。有时候，温度会降到零下40℃！真是英雄啊！

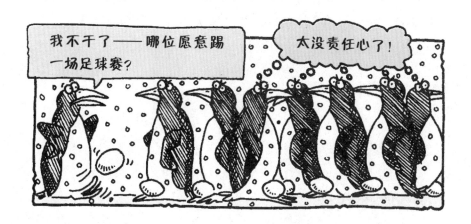

令人害怕的动物家庭

但是，不是所有的动物家庭都那么充满温情，许多种鱼类、两栖类、爬行类会放弃它们的卵，而让幼崽独立生存，如果它们能的话。

特别是鱼类，一些幼体被吃掉的现象非常普遍。但这也可以理解，因为一条鳕鱼一次就能产下800万只卵，如果所有的卵都能成活的话，那么大海将被鳕鱼填满。之所以此事不曾发生，正是因为达尔文提出的"物竞天择，适者生存"起了作用。而且结果还能有足够多的鳕鱼存活下来，去生育下一代。

不是所有的动物都能受到双亲的照料，比如大象吧。它们的家庭是由许多雌象组成的，由最年长的雌象管制，由它来决定去哪里，什么时间去水边等。幼象被所有的雌象们照料，幼象中的雄象长大以后将被赶走，与其他雄象生活在一起。如果你有一个讨厌的哥哥，你会认为这是个好主意。

致命的教训

如果你是一个幼小的动物，你就迫切需要学习一些生存知识，如果你的父母会教你的话，你就太幸运了。

1. 海鸥的幼鸟必须尽快学会如何去游泳和飞行，它们的父母很快会将它们驱赶至悬崖。如果它会飞——那太好了，如果不会的话，最好学会游泳。

2. 燕子妈妈给孩子们带来了食物，但它不停地盘旋，孩子们够不着，如果它们想要抓到食物的话，最好先学会飞行。

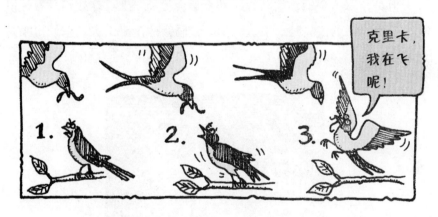

3. 印度豹妈妈抓住一只小羚羊，然后放了，让它们的孩子自己去追。要是小羚羊逃脱了，孩子们将得到一次深刻的教训——挨饿！

4. 最后，有一只凶狠的熊妈妈，它的孩子们长大的时候，它把它们赶到树上，然后四处闲逛。现在，最重要的一课开始了：如何独自生存。

但是，每一个幼小的动物还必须学会另外一课。在夜晚，万籁俱寂，正当你钻进被窝时，某些动物就会偷偷地走来走去，它们出来是为了当杀手！

夜幕下的危险

　　夜晚是充满神秘和危险的时候。在黑暗之中，很难看清东西；在月光下，一切都显得怪异和恐怖。突然传来一种声音——尖叫，或者是呱呱的叫声。一些可怕的动物在草丛中窜来窜去，它们正在寻找入夜后的第一顿晚餐。这时，你只期待着能安然度过黑夜，看到曙光。

　　夜行动物已经适应了夜晚的生活，为了适应这种生活方式，它们的身体在某些方面已经变异了。比如非洲的婴猴吧，这个可爱的猴子似的动物生活在树上，它利用晚上来抓虫子、鸟、水果，以及其他可攫取的东西。

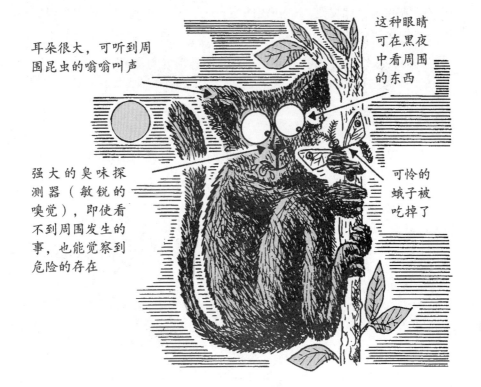

耳朵很大，可听到周围昆虫的嗡嗡叫声

这种眼睛可在黑夜中看周围的东西

强大的臭味探测器（敏锐的嗅觉），即使看不到周围发生的事，也能觉察到危险的存在

可怜的蛾子被吃掉了

145

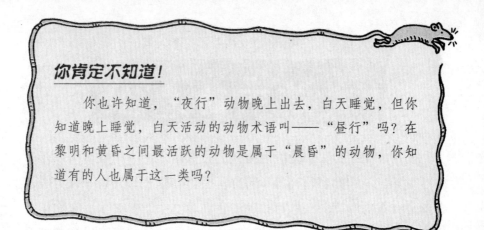

你肯定不知道!

你也许知道，"夜行"动物晚上出去，白天睡觉，但你知道晚上睡觉，白天活动的动物术语叫——"昼行"吗？在黎明和黄昏之间最活跃的动物是属于"晨昏"的动物，你知道有的人也属于这一类吗？

你也许认为晚间活动相当乏味，但这对一些小动物来说有很多益处。如果你居住在一个炎热、干燥的城市，到晚上又凉爽，又潮湿，感觉会很好，有许多地方可以藏身，许多大型凶猛的兽类也都睡着了。

遗憾的是，晚间还有一些夜行性猎手在活动。猫头鹰突然从黑暗中猎取毫无戒备的动物，土狼和狮子偷偷地在非洲草原潜行，蝙蝠在空中呼啸而过。你见过蝙蝠在夜间飞行吗？它们总是那样神出鬼没，你别想指望能靠近它们。有些动物学家简直是迷恋于对蝙蝠的研究，对他们而言，蝙蝠真是妙不可言，下面就是蝙蝠的奇事。

伟大的蝙蝠

1. 在蝙蝠一生中，有5/6的时间是倒挂在天棚上生活的，据一位研究蝙蝠的科学家说，这是一种很美妙的生活方式。

146

2. 蝙蝠刚出生的时候就是头朝下，它们的妈妈在孩子落地之前总能接住它们，孩子们则用牙咬住妈妈的软毛，紧紧地贴在妈妈的身上。你想象一下，如果人类也这样，感觉如何？

护士！接住我的孩子！

3. 你不能说"像蝙蝠那么瞎"，因为，实际上蝙蝠并不瞎——虽然视力不算好。蝙蝠并不需要眼睛，当它们飞行的时候，它们能够接受由飞虫的身体反射的回声信号定位，通过接收信号，蝙蝠很快就可以确定昆虫的位置，于是可怜的昆虫在半空中便沦为蝙蝠的美味佳肴。

4. 蝙蝠一秒钟可做200次鸣叫，每次鸣叫的时候，它都会关闭听力系统，防止自己被震聋，你也许可以说"像蝙蝠那么聋"。

最后一试，你能当个动物学家吗？

20世纪80年代初，科学家麦林·塔特尔设计了一系列的蝙蝠实验。他想搞清，在巴拿马泥泞多虫的森林沼泽地，蝙蝠是如何抓到青蛙的？他得到了研究青蛙交配行为的动物学家麦克尔·罗尔的帮助，你能猜到实验的结果吗？

实验I

蝙蝠能判断出哪些青蛙是可食的，哪些是有毒的吗？

科学家们在一个足够大的笼子里关了一只蝙蝠，蝙蝠能够在里面自由飞行，然后他们录制了可食性青蛙和有毒青蛙的叫声，猜一猜，发生了什么事呢？

a）当蝙蝠听到青蛙的叫声后，袭击了录音机。

b）当蝙蝠听到可食性青蛙的叫声后，俯冲下来袭击了录音机。

c）蝙蝠袭击了科学家，这并没有回答上述问题，但却证实了蝙蝠会袭击任何可移动物体。

实验 2

下一步，他们测验青蛙能否看到要袭击它们的蝙蝠。科学家们做了一只蝙蝠模型，使其在青蛙生活的池塘上方沿着一根线飞来飞去，猜一猜青蛙的反应？

a）它们看不到模型，继续呱呱地叫。

b）它们看到了模型，但叫得声音更大了，想吓走蝙蝠。

c）当模型飞来时，它们停止叫声，相当安静。

实验 3

蝙蝠识别青蛙是根据形状还是声音？塔特尔在一只手上放了一只安静的青蛙，用另一只手在手指间发出响声，蝙蝠袭击了青蛙还是科学家的手指？

a）手指。

b）青蛙。

c）两者都不是，说明蝙蝠对这种声音很迷惑。

1. b）蝙蝠觅食靠的就是这种令人不可思议的听力。

2. c）。

3. a）事实再次证明蝙蝠是靠声音猎食的。

你肯定不知道！

在美国新墨西哥州的一个巨大的洞穴里，发现了大量的蝙蝠。每到夏天，最多可达2000万只墨西哥无尾蝙蝠到这儿来避暑。每1平方米的墙壁上，倒挂着的小蝙蝠就可达到2000只。可当蝙蝠妈妈从外边觅食回来时，居然可以从一群孩子中凭着它们的气味和发出的声音，辨别出自己的孩子，准确率高达80％。

古怪的睡眠习惯

大多数动物不喜欢夜间外出，它们最喜欢的是在夜间踏踏实实地睡个好觉。许多科学家认为，动物和人晚上睡觉，是因为它们没有更好的事情可做。它们在夜晚看不到任何东西，白天猎食很辛苦了，晚上为什么不好好睡一觉呢？可你知道吗？一些生物有怪诞的睡眠习惯。

1. 猴子喜欢在荆棘丛生的树枝上睡觉，但它们不愿意在早上起床之后整理床铺，只是从树上跳下来，把床上的灰尘和跳蚤一股脑儿地摔在地上。你会这么做吗？

2. 鹦鹉鱼睡觉的时候，喜欢把自己包在一团烂泥之中，只留一个小孔来呼吸，这种方式避免了凶猛的鳝鱼的袭击。

3. 只有鸟类和哺乳类会做梦，鱼类、两栖类和爬行类都不会。

4. 最难受的睡姿奖应属蓝冠倒挂鹦鹉，这种鸟倒挂在树枝上睡觉，它绿色的背部看上去就像一片绿叶，因此减少了被袭击的机会。

还有一些动物，它们大部分时间都处于睡眠状态，就以澳大利亚的考拉熊为例吧！

考拉生活日志

晚上

爬上树，狼吞虎咽地吃掉1千克的桉树叶子，这就是生活，然后它闭上眼睛，美美地大睡一觉。

注意： 考拉在夜间更为敏感，但桉树叶子难闻的味道丝毫不会影响它的食欲。

5：10（早晨）

找个舒服的树枝躺一会儿。

注意： 考拉食用的叶子营养不太高，但可以做减肥餐，而且这些叶子有让它们昏昏欲睡的作用。

7：30（早晨）

是谁吵醒了我！他们就不能让我考拉熊睡个踏实觉吗？他们居然把一

根绳子套在我脖子上。太过分了！他们打算把我从树上捉走，他们想要的是我的熊掌！

注意： 一个地方考拉熊的数量过多时，应该在桉树叶子被吃空、大家挨饿之前迁走一批考拉。但并不是所有的考拉都喜欢搬新家，一些病重的考拉在临死前会缓慢地爬回到它们最喜欢的树林故居中。

7：32（早晨）

嘎嘎！他们抓到了我，幸亏我有尖牙利爪，哼！给他们点颜色看看。

注意：在一天中最炎热的时候睡觉，考拉熊为了防止太热或口渴，通常从新鲜的叶子中获得所需的水分。

10：00（上午）

我被装在汽车上搬进了新家，还好，树叶看上去也不错！倒头大睡喽！

注意：考拉一天有18个小时在打盹中度过，即使在清醒时，它的移动也非常缓慢，和这种生活方式的考拉相比，树懒显得来去匆匆。

5：00—6：00—7：00（下午）

呼呼呼……

9：00（晚上）

哦！明天早上吃什么？桉树叶，再好不过了！

冬眠

在黑夜过去之后，许多动物还在不停地睡着。有些动物在冬天的大部分时间里睡觉，到了春天才开始活动，这种做法叫作冬眠。也许你已经了解这些知识，但下面所讲的是更为有趣的故事，能让你感到新奇。

冬眠是一个好办法，因为动物在寒冷的冬季里需要大量食物提供热量，可冬天周围的食物却很少。如果一直睡眠，动物就不必寻找额外的食物而存活下来。冬眠的动物靠洞穴里储存的食物为生，还有一些动物是靠消耗皮下脂肪为生——是在温暖的季节里暴食尽可能多的食物而积累起来的。

冬眠的动物包括乌龟、松鼠、睡鼠、蝙蝠和一些蛇。冬眠期间内，动物的呼吸和脉搏减缓，体温可以降低50℃，这是一种深度睡眠，看上去像死了一样，因此，很多乌龟被不幸地提早埋葬了。

动物惊奇

一些动物看起来确实很恐怖，它们相貌狰狞，对其他动物做了很多坏事；有的动物采用杀伤性的武器或卑鄙的伎俩去捕食猎物；还有的动物摄食非常恶心的食物，它们的饮食习惯真是令人作呕。

但是为什么？你不能指望动物之间彬彬有礼、和睦相处，幸运的话，也许你会在人类的身上发现这些品质。在弱肉强食的世界里，动物必须足够厉害才能生存下去。它们认为，活下去远比举止优雅重要。每一天都要为生活而战，因为动物们一觉醒来，不知道能否安然度过新的一天，会不会成为更强大的动物的美餐。

尽管动物有着不大文雅的习惯，但我们人类发现动物还是相当有用的。它们是我们的食物原材料，马、狗为我们辛勤地工作着。不像有些人，动物从不会那么懒惰。我们嘲笑它们，但又享受着与它们为伴的乐趣，当然，一些动物很成问题，但它们变幻无穷，有着漂亮、动人和辉煌的一面。

你现在明白了吧？为什么动物学家们会终其一生去研究动物的生活习性，为什么动物学家们会历尽艰辛设法从一个特殊的角度抓拍到一张稀有动物的照片，并为此而十分激动。毫无疑问，对我们人类来说，动物有一种令人难以抗拒的魅力，这就是《可怕的科学》要告诉你的！

疯狂测试

动物惊奇

现在让我们测试一下，你是
否是个动物方面的专家吧！

神奇的动物世界

从可怕的两栖动物到神奇的哺乳动物，自然界的动物们都拥有各种惊人的特性。现在，就让我们测试一下你是否能猜出这些迷人真相的答案。

1. 陆地上最大但不能弹跳的动物是什么？

   提示：如果它可以弹跳，那将是一个巨大的跳跃！

2. 为什么火烈鸟进食时要把尖尖的嘴巴高高地扬起？

   提示：难道是想让食物洗个空气浴？

3. 章鱼的身体在饥饿的时候会发生什么变化？

   提示：它没有看到红色，但是……

4. 如何知道狗即将扑上来咬你？

   提示：你有听到这个问题吗？

5. 树袋熊唯一会吃的食物是什么？

   提示：是一种比较黏的东西。

6. 蛇类如何吞食比其头部还大的动物？

   提示：如果你知道答案的话，会发狂的！

7. 鸵鸟的大脑有多小？

   提示：你很快就能看到……

8. 老虎条纹状的表皮下面是什么？

   提示：老虎文身！

答 案

1. 大象
2. 为了将食物中的水分挤压出来
3. 变成红色
4. 当狗的耳朵抖动时
5. 桉树叶
6. 它们可以用力张大自己的下颚
7. 比它的眼睛还小
8. 是条纹状的皮肤

令人恐惧的猎食习惯

尽管这个世界竞争很激烈，但是神奇的动物们仍然有自己的办法捕捉其他动物，并避免被猎人抓到。现在就让我们找出这些动物经常使用的战术技巧吧……

1. 北极熊是如何伪装并掩饰自己的黑色鼻子，并悄悄地潜伏在猎物附近的？

a）它们用自己的爪子挡住鼻子

b）它们跟踪那些猎物

c）它们用冰块挡在自己的前面

2. 响尾蛇的"摇铃"是用来做什么的？

a）为了警告它的猎物：它要来了

b）为了分散猎物的注意力，以便顺利出击

c）为了在滑行的同时，自娱自乐

3. 较大型的动物，如狮子和老虎是如何猎食的？

a）逆风时捕食猎物

b）顺风时进行猎食

c）在没有风的情况下猎食

4. 热带比目鱼如何避免被大型猎物捕捉？

a）将自己身体的颜色变成周围环境的颜色

b）隐蔽在水下岩石的后面

c）它可以在大海中每一条鱼的周围游来游去，所以没必要担心

5. 聪明的臭鼬如何赶走可怕的猎食者？

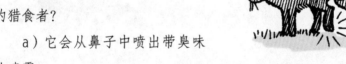

a）它会从鼻子中喷出带臭味的喷雾

b）它会从其臀部喷出带臭味的喷雾

c）它会暴跳起来，用自己锐利的爪子斗争

6. 鸟类，如画眉鸟，如何才能吸取到多汁而又柔软的蜗牛肉？

a）它们把自己的嘴巴插入蜗牛的外壳然后将肉吸上来

b）它们等蜗牛从壳中出来之后再猎取

c）它们将蜗牛叼在嘴里，然后用力将其撞到石头上

7. 深海中的毒蛇鱼如何吸引其猎物？

a）它会通过唱歌，用音乐在水中的回声吸引猎物

b）它的嘴巴里面可以发出各种光，利用这些光吸引其他鱼类

c）它身体上有多彩的鳞片，用这些鳞片吸引其他鱼类

8. 橄榄绿蛇是如何欺骗并捕捉到猎物的？

a）它将自己伪装成一根细枝

b）它将自己伪装成一条眼镜蛇

c）它用假的触须掩饰自己

 答 案

1.c）；2.b）；3.a）；4.a）；5.b）；6.c）；7.b）；8.a）。

荒野的幸存者

一直以来，你都可以看到一些真正疯狂的自然主义者，他们去过世界很多地方，在他们搜寻更多自然奇观的过程中，也面临了很多危险的时刻。

他们是如何幸存下来的呢？下面，我们就来测试一下你是否能够分辨出下列故事的真假。

1. 避免被蛇咬最好的方式是以曲折的线路奔跑。

2. 如果被鳄鱼咬住，轻轻地敲一下它的鼻子，有时候，它们会大方地放了你。

3. 如果你被鲨鱼攻击，那么必须尽量待在那里不动。

4. 眼镜蛇释放的毒素足以杀死一头大象。

5. 避免被老虎攻击最好的方法是爬上树。

6. 如果你被熊攻击，那么必须快速逃跑，因为它们跑不快，很难抓到你。

7. 在被黑寡妇蜘蛛咬了之后，应该用嘴巴将毒素吸出来。

8. 即使河马是草食动物，它依然对人肉很感兴趣。

答案

1. 错误。最好的方式是静止不动，希望这样能让蛇冷静下来。

2. 正确。鳄鱼和短吻鳄有时候在被轻敲了之后，会张开嘴巴。

3. 错误。反击通常会将鲨鱼吓跑。

4. 正确。人应该站着不动，千万别把眼镜蛇吸引到你这里来。

5. 正确。几乎没有老虎会爬树。

6. 错误。熊当然能够抓住你，你最好的赌注是大喊，并对它挥手，试图制止它攻击你。

7. 错误。这样是没有用的，最好是用肥皂和水清洗伤口，并将受伤部位抬高至心脏的位置。

8. 错误。河马不会攻击人，只会攻击船只，并将人压死。

"经典科学"系列（26册）

肚子里的恶心事儿
丑陋的虫子
显微镜下的怪物
动物惊奇
植物的咒语
臭屁的大脑
神奇的肢体碎片
身体使用手册
杀人疾病全记录
进化之谜
时间揭秘
触电惊魂
力的惊险故事
声音的魔力
神秘莫测的光
能量怪物
化学也疯狂
受苦受难的科学家
改变世界的科学实验
魔鬼头脑训练营
"末日"来临
鏖战飞行
目瞪口呆话发明
动物的狩猎绝招
恐怖的实验
致命毒药

"经典数学"系列（12册）

要命的数学
特别要命的数学
绝望的分数
你真的会＋－×÷吗
数字——破解万物的钥匙
逃不出的怪圈——圆和其他图形
寻找你的幸运星——概率的秘密
测来测去——长度、面积和体积
数学头脑训练营
玩转几何
代数任我行
超级公式

"科学新知"系列（17册）

破案术大全
墓室里的秘密
密码全攻略
外星人的疯狂旅行
魔术全揭秘
超级建筑
超能电脑
电影特技魔法秀
街上流行机器人
美妙的电影
我为音乐狂
巧克力秘闻
神奇的互联网
太空旅行记
消逝的恐龙
艺术家的魔法秀
不为人知的奥运故事

"自然探秘"系列（12册）

惊险南北极
地震了！快跑！
发威的火山
愤怒的河流
绝顶探险
杀人风暴
死亡沙漠
无情的海洋
雨林深处
勇敢者大冒险
鬼怪之湖
荒野之岛

"体验课堂"系列（4册）

体验丛林
体验沙漠
体验鲨鱼
体验宇宙

"中国特辑"系列（1册）

谁来拯救地球